Enric Miralles a izquierda y derecha (también sin gafas)

David Bestué

EDITORIAL TENOV

Enric Miralles from left to right
(and without glasses)

David Bestué

EDITORIAL TENOV

A mi madre, in memoriam.

Primera edición: diciembre de 2010

Editorial Tenov
Casp 147 3° 1ª
08013 Barcelona
tenov@editorialtenov.com
www.editorialtenov.com

Edición
Joana Teixidor, Llorenç Bonet

Corrección
Carla Blanch

Traducción
Allan Bebbington

Diseño gráfico
Setanta
www.setanta.es

Impresión
Vanguard Gràfic

Tipografía
Sentinel/Futura

Papel
Coral Plus

ISBN: 978-84-613-6934-8
Depósito legal: B-46530-2010

ÍNDICE

INDEX

Arquitectura reservada

Juan José Lahuerta

Hace ya mucho tiempo que no podemos decirle al sastre cómo queremos nuestros trajes, ni al peluquero cómo nos gustaría el corte de pelo, ni al cocinero lo que nos apetece comer, porque todos se han convertido en artistas y, como buenos artistas, se ofenden si no los comprendemos. Como buenos artistas nos conminan y coaccionan, nos tatúan con sus marcas y, aunque no necesitemos de sus servicios ni nos importen sus ocurrencias, se hacen omnipresentes en nuestras vidas a través de unos medios que ya no son más que soportes publicitarios del gran auto sacramental de la llamada creatividad. Cumpliendo el sueño de los antiguos bohemios, aunque llevándolo a sus consecuencias más sombrías, ninguno de ellos trabaja para la satisfacción de su clientela, sino para sí mismo, es decir, para imponer violentamente un gusto perfectamente privado que, de todos modos, ha sido oficialmente diseñado por el marketing según el principio básico de la vigente *res publica*, que es el de lo nuevo como lo siempre igual. La creatividad es el genio que está en todas partes, y en su constante presencia se cumple tanto ese sueño infantil de la modernidad que es la ubicuidad como ese otro que consiste en querer obtenerlo todo sin esfuerzo. Gracias a ello recibimos alegremente, a cada momento y sin haberlo pedido, el don de convertir en oro todo lo que tocamos, pero hasta extremos que ni el mismo rey Midas habría podido siquiera empezar a imaginar, ya que si, a fin de cuentas, él se sintió un desgraciado, nosotros, que al parecer ya no hacemos cuentas, no. La ubicua creatividad y el estilismo barato, en efecto, nos entrenan sin esfuerzo a comer oro, convirtiéndonos así, sin desajuste alguno, sin paradoja, en coprófagos de grandes tragaderas. Puestas todas en el mismo tablón de anuncios, ¿qué haría que una comida fuera llamada basura y otra no? ¿Y qué me dicen de la literatura basura, del arte basura, de la arquitectura basura? Vivimos de los beneficios de la basura, y el oro y la mierda son los factores de la ecuación de nuestros tiempos, así que sea como clientes, como público o como usuarios, estamos condenados a ofender a nuestros sastres,

Reserved Architecture

Juan José Lahuerta

For some time now it has been impossible for us to tell our tailor what we want our suits to look like, tell our hairdresser how we want our hair styled, tell the chef what we fancy, because they have all become artists, and like all good artists they take offence if we fail to understand them. Like all good artists they threaten and coerce us, they tattoo us with their brands, and even if we do need their services or care nothing for their great ideas, they become omnipresent in our life through the media, little more than advertising hoards for the great Eucharistic play of so-called creativity. Making the dream of the old Bohemians come true, albeit pushing it to its most sombre consequences, none of them work for their clients' satisfaction, but rather for themselves, to violently impose a perfectly private taste which, in any event, has been officially designed by marketing according to the basic principle of the current *res publica*, namely that what is purveyed as new is really more of the same. Creativity is the genie that is everywhere, whose constant presence enables this childlike dream of modernity, to wit ubiquity, and the other one, namely wanting everything without having to make an effort, to come true. Thanks to it we receive, at all times and without even asking, the gift of turning everything we touch into gold, but to extremes that King Midas would not have even begun to imagine, since although he ultimately came to feel miserable, we, on the other hand, apparently do not follow suit. Indeed, ubiquitous creativity and cheap stylism effortlessly train us to eat gold, thus leading us, with no adverse effect whatsoever, with no paradox, to gobble up everything and anything put before us. If they were all on the same notice board, what would lead one dish to be called junk food and another not? And what about junk literature, junk architecture? We live off the benefits of junk, gold and crap are the factors in the equation of our times, hence we, as clients,

cocineros y peluqueros, y a perjudicar su creatividad, si exigimos demasiado, que, la verdad, no es mucho, o que no es nada. La creatividad de aquellos que ya no trabajan para satisfacer gratamente nuestro apetito ni para peinarnos o vestirnos con comodidad y, a poder ser, elegantemente, sino para nuestra felicidad, se ha convertido en una obligación, algo que sería lamentable que nos perdiésemos. ¿Qué podríamos decir al respecto? Nada. Para eso están los derechos de autor, que nos convierten en nuevos atlantes, ya no esforzados portadores del mundo, sino campantes cargadores de sus diseños y sus marcas.

El caso de la arquitectura no es distinto. O no lo sería si no fuera porque en la radical privatización de la *res publica* característica de nuestros tiempos –radical porque es la propia privatización la que se presenta y vende a sí misma como lo público que ha anulado- a la arquitectura le ha correspondido el vistoso papel de representar lo colectivo, pero sin trabajo. En una infalible relación de proporción inversa, cuanto más crece por un lado la arquitectura que va encementado densa y pesadamente, sin reserva y sin remedio, nuestras ciudades y campos, más ligeros, volátiles e incalculables se vuelven por otro sus beneficios. Entre esa gigantesca masa innoble, al parecer tan inodora como el dinero que, producido por ella, la reproduce, surgen, no como oposición vanguardista, sino como culminación última de lo mismo, guías en medio del alud de píldoras doradas y ruedas de molino, los edificios de autor, encargados por nuestras administraciones y empresas con el objetivo de que se conviertan, una y otra vez, sin descanso, venga y venga, en hitos siempre nuevos y en símbolos siempre vanos de nuestras ciudades. Ayuntamientos, museos, palacios de congresos y de deportes, aeropuertos y estaciones, torres de comunicaciones, recintos feriales, hoteles, centros comerciales y edificios corporativos, bien poco tienen ya que ver con la antigua *publicae venustati*, sino que se imponen en el espacio de la ciudad como esas figurillas que a veces tenemos que colocar en el aparador de nuestra casa

public or users, are doomed to affront our tailors, cooks and hairdressers, and to jeopardise their creativity, if we demand too much, which, if the truth were told, is not a lot, or is nothing. The creativity of those who no longer work to kindly satisfy our appetite and style our hair or dress our bodies comfortably, and, if possible, elegantly, if not for our happiness, has become an obligation, and it would be a great pity if we lost the way. What can we say in this regard? Nothing. That is what copyright is for, which makes us new Atlases, no longer obliged to shoulder the weight of the world, but rather to be the rampant bearers of their designs and brands.

The case of architecture is no different. Or it would not be were it not because in the radical privatisation of the *res publica* so characteristic of our times – radical as it is privatisation itself that presents and sells itself as the "publicness" it has annulled - it has fallen to architecture to act out the glamorous role of representing the collective, but without effort. In an inversely proportional infallible relationship, the more that the architecture that fills our cities and countryside with dense and heavy cement grows, the lighter, more volatile and more incalculable its profits are. From out of this ignoble gigantic mass, apparently as odourless as the money which, produced by it, reproduces it, emerge, not as vanguard opposition, but rather as its ultimate culmination, as guides in the midst of the avalanche of golden pills and windmill wheels, author buildings, supervised by our administrations and companies with a view to their becoming, without respite, relentlessly, new landmarks and eternally vein symbols of our cities. Town and city halls, museums, congress and sports palaces, airports and stations, communication towers, trade fair premises, hotels, shopping centres and corporate buildings, have precious little to do now with the ancient *publicae venustati*, but rather are imposed on cities like those little figures we often have to place in our house to avoid offending the person who made the gift. Although, in the face of these gigantic and expensive

para no desairar a quien nos las ha regalado. Aunque, frente a esas gigantescas y carísimas baratijas, esas fruslerías de treinta o cuarenta pisos de altura, esos bibelots infames que tenemos que ver queramos o no queramos, ¿quién sería el ofendido? No hay cosa más siniestra que la reclamación que los arquitectos hacen de la propiedad intelectual de sus obras. El principal producto de la arquitectura de autor es el autor mismo, y lo que genera no son más que sus propias imágenes, sus marcas. Recuerdo que en mis tiempos ya lejanos de estudiante de arquitectura, nuestros profesores de proyectos nos presentaban como el caso extremo de la incomprensión a la que se enfrenta un genio, el barrio de Pessac, un grupo de viviendas que Le Corbusier construyó en Burdeos en 1925. Las casas, con sus formas prismáticas, sus tersas superficies, sus ventanas apaisadas y sus techos planos, combinadas como las piezas de un dominó, habían sido transformadas por sus habitantes, quienes, sin consideración alguna hacia el arquitecto, habían reducido las ventanas, puesto persianas y jardineras, redondeado las aristas, revestido las fachadas con revoques rugosos, y construido tejados inclinados. Nada nos decían de los interiores de esas viviendas, que era mejor ni imaginar. La indignación llegaba a su punto más alto cuando se lamentaban de que todo ello ocurriese sin que las autoridades movieran ni un solo dedo para proteger esa obra, cuyo destino, al parecer, no era el manifiesto de barrio de viviendas obreras, sino el oculto o implícito, de monumento inmóvil, exacto a sí mismo, idéntico siempre a la idea que había salido acabada y armada de la cabeza del arquitecto, como Palas de la de Zeus. Esas supuestas viviendas debían ser protegidas por las autoridades de la vida de sus habitantes, al parecer también supuesta. Ahí empecé a darme cuenta de que, en general, los arquitectos no son de piedra, pero sobre todo de que para proteger sus ideas siempre están dispuestos a llamar a la policía.

¿Recuerdan a Gary Cooper haciendo de arquitecto en *The Fountainhead*, la película de King Vidor? Francamente molesto porque durante la construcción de

niceties, thirty- or forty-storey high baubles, these infamous bibelots that we have to gaze upon, whether we want to or not, who is really offended? There can be nothing more sinister than the claim that architects lay to the intellectual property of their work. The main product of author architecture are the actual authors, and what they generate is little more than their own images, their brands. I remember, in my heyday as a student of architecture, how our project lecturers presented to us, as an extreme case of misunderstanding which a genius had to deal with, namely the neighbourhood of Pessac, a group of houses erected by Le Corbusier in Bourseaux in 1925. The houses, with their prism-shaped forms, terse surfaces, landscaped windows and flat roofs, combined like the pieces of a domino set, had been transformed by their dwellers, who, showing the utmost disregard for the architect, had reduced the windows, installed blinds and plant-pots, rounded off the edges, coated the walls with coarse plasterwork and built tilted roofs. We were told nothing about the inside of those houses, which were probably better not to think about. The indignation peaked when they complained that all this had come about without the authorities lifting a finger to protect the work, whose fate was apparently not to be that of a neighbourhood of workers' houses, but rather an occult and implicit one, that of a motionless monument, exactly like itself, always identical to the idea that had emerged, exactly as it had been conceived and assembled, in the architect's head, like Zeus' Pallas. These would-be houses had to be protected by the authorities from the equally would-be life of their inhabitants. There, I began to realise that generally speaking, architects are not made of stone, but rather that they are always extremely willing to call the police to protect their ideas.

Do you remember Gary Cooper in the role of the architect in *The Fountainhead* by King Vidor? Mightily miffed because a group of houses he had designed was modified in the building phase, he decided to blow them up. And he did just that. Then, in the court case, he

un conjunto de grandes bloques de viviendas proyectados por él habían sido modificados algunos detalles, decide dinamitarlos. Y dicho y hecho. Luego, en el juicio, él mismo hará una encendida defensa de su actuación como ejemplo sublime de la libertad individual, hasta el punto de que el jurado popular, conmovido, no tendrá más remedio que declararlo inocente. ¡Ah, qué gran sueño! He escuchado arquitectos que por toda crítica de lo que sucede en esa película comentaban la mayor o menor cualidad, o el carácter más o menos fantasioso, más o menos wrightiano, de los imaginarios edificios que en ella se muestran. Pero ya ven lo que ocurre si las cosas pasan al revés, el oprobio y la ignominia que caen sobre el presunto habitante de la casa o la ciudad, en el caso improbable de que se atreva a decir esta vida es mía.

Hoy, algunos de aquellos entonces jóvenes profesores de mis tiempos de estudiante, macizan calladamente Barcelona con sus obras, con el permiso, eso sí, de los arquitectos estrella, encantados de regalarnos, con el agradecimiento infinito de nuestros administradores, las mayores birrias y las chucherías más ignominiosas. Baste y sobre como ejemplo de lo que digo -aunque se podrían citar unos cuantos- ese bochornoso edificio llamado Torre Agbar, aceptable sólo por una ciudad que ya contaba con esa otra bomba que es la Sagrada Familia, y que parece, por tanto, que ya no puede -ni quiere, todo hay que decirlo- rechistar. Valgan esos engendros como broma, pero, si hay que reírla, una vez reída, ¿quién nos librará de ellos? ¿Se imaginan qué descanso, qué paz para Barcelona y para la arquitectura entera, sería volver a contemplar el perfil de esta bonita ciudad sin semejantes chirimbolos? Pues bien: no sólo ya no es posible, sino que va a más.

Pero imaginémonos, sí, imaginémonos que algunos de esos edificios tan singulares, por la razón que fuera, porque quedasen a trasmano o porque pasaran los años y ya no estuviesen sus arquitectos para animarlos, cayeran en un relativo olvido. Que ya no saliesen en las revistas y que cuando lo hiciesen en las guías o antologías, se mostrasen

personally and ardently defended his actions as the sublime example of individual freedom, to such an extent that the popular jury, truly moved, would have no alternative but to absolve him. Oh what a wonderful dream! I have listened to architects whose only criticism of the events in that film pertained to possible differing degrees of quality or of conceit, to the more or less Wrightian nature of the imaginary buildings depicted in it. But then see what happens if this occurs the other way round, the opprobrium and ignominy that falls upon the assumed inhabitant of the house or of the city, in the unlikely case that they dared to utter "it's my life".

Today, some of those then-young lecturers of my student days quietly pack Barcelona with their work, with the permission, naturally, of the stellar architects, delighted to gift us, with the infinite gratitude of our administration, with utter monstruosities and the most ignominious tidbits. One example shall suffice to illustrate what I mean – although I could cite a few more - namely the shameful Agbar Tower, acceptable only to a city already in possession of that other bomb, the Sagrada Familia, and which therefore seems neither to be able, nor want – let it be said - to complain. We may look upon these monstruosities as a joke, but if we have to laugh at them, and we do, how do we get rid of them later? Can you imagine the peace, the tranquillity for Barcelona and for architecture everywhere, if we were able to look at the city's skyline once again without all this claptrap? However, not only is that no longer possible, but rather things are getting worse.

But let us imagine, yes, let us imagine that some of these unique buildings, for whatever reason, because they were off the beaten track or because their architects were no longer there to lend them a hand, were to lapse into relative oblivion. That they no longer appeared in magazines, or when they did appear in guidebooks or collections, it was always with the same frozen photo taken at the time they were officially opened. Those places, neglected by the present, would be visited only by students,

de ellos siempre las mismas fotos congeladas del momento de su inauguración. A esos lugares abandonados por la actualidad ya sólo se acercarían algunos estudiantes, en general extranjeros, ansiosos por cumplir con sus deberes pero aquejados del mal del *déjàvu*, que los obliga a ver lo ya visto en las revistas y a fotografiar lo ya fotografiado, es decir, a continuar congelando, tal como exige la técnica de la propaganda. Esos estudiantes van a ver arquitectura y ven arquitectura. Suelen preferir estar solos y que en sus fotos no aparezcan gentes, ni árboles que tapen la vista, ni otras cosas molestas, como si esos edificios estuvieran perennemente dispuestos para un homenaje. La arquitectura es, pues, siempre inaugural, y así queda guardada en el recuerdo de lo que, quién lo diría, sucedió hace un momento.

La actualidad ha abandonado esos edificios, o tal vez, justo al contrario, los ha incrustado en ella, en su símbolo vacío. Pero sólo la actualidad, esa Señora, porque, en verdad, esos edificios no han sido desmantelados después de hacerles las fotos: ocupan, aunque parezca mentira, un lugar y un tiempo, y hasta son usados, y no precisamente por los monstruos que invaden los edificios que encuentran los viajeros de *La máquina del tiempo*, sino gentes corrientes y molientes.

Así que continuemos imaginando qué ocurriría si ahora el visitante no fuese un estudiante de arquitectura o un arquitecto extranjero, sino alguien común, sin otra relación con la arquitectura que la de tener que encajar en ella y sufrirla, que en su momento oyó hablar mucho de esas obras -¡cómo evitarlo!- y que ahora, de repente, se pregunta qué habrá sido de ellas. Se acerca, las visita, y al principio busca comprobar esas imágenes ya conocidas, pero como lo que le interesa no es propiamente la arquitectura, ir a ver arquitectura, sino saber qué ha ocurrido con aquellas pocas imágenes congeladas, repetidas mil veces, fantasmales -algo, pues, que tiene que ver más bien con el tiempo y sus usuras que con Medusa-, empezará a fijarse, no en lo que se mantiene igual a sí mismo, sino en lo que

generally foreign, anxious to do their duty but suffering from the *déjà-vu* that obliges them to see what they have already seen and photograph what has already been photographed, i.e. continue to freeze them, as required by the propaganda. These students come to see architecture and architecture they see. They usually prefer to come alone, keep people out of their photos, or trees that spoil the view, or another annoying things, as if these buildings had to be perennially posing for a testimonial. Architecture is therefore always about the opening, the premiere, and it is thus retained in the mind's eye, so to speak, as if it had all happened but a moment ago.

The present has abandoned these buildings, or perhaps it is just the opposite, it has embedded them in itself, in its empty symbol. But only the present, that Lady, because, in truth, these buildings were not demolished after the photos were taken: they occupy, although it seems a lie, a time and a place, they are even used, and not precisely by the monsters that invade the buildings found by the *time machine* travellers, but by ordinary, run-of-the-mill people.

So let us continue to imagine what would happen if now the visitor were not a student of architecture or a foreign architect, but someone ordinary, with no connection to architecture other than having to fit into it and put up with it, someone who had heard a lot about these works - how could they avoid it! - and who now, suddenly, wonders what has become of them. They approach them, they visit them, and initially they go to check out these already-known images, but since what they are interested in is not the actual architecture, to see architecture, but rather to discover what has happened to those few frozen images, repeated thousands of times, ghost-like - something which is more related to time and its usury than to Medusa-, they will begin to notice not what has remained the same, but rather what has changed, what the work has become, the agents of this transformation. Summarising: this is what led David Bestué to visit, some time later, the works of Enric Miralles. We might say that he went to see them, no

ha cambiado, en lo que se transforma, y en los agentes de esa transformación. Abreviando: eso es lo que ha movido a David Bestué a visitar, tiempo después, las obras de Enric Miralles. Podríamos decir que se ha acercado a ellas para verlas, sin duda, pero también para poner en ellas los pies o para tocarlas con las manos, y hasta en algunos de los comentarios que han surgido de esas visitas, da la impresión de que lo táctil haya vencido a lo visual. Pero, en definitiva, ¿qué es lo que ha visto? Simplemente, las heridas y las metamorfosis que el tiempo y el uso han causado en esas obras. David Bestué nos habla de cómo en algunos casos se han ido produciendo suaves transformaciones que han adaptado esas obras famosas a las necesidades del habitar y sus inercias, pero también de cómo, en otros, la obra y las circunstancias de la vida se han enfrentado tan violentamente que, al final, no han quedado de la obra más que debilísimas, casi imperceptibles huellas. Aunque, bien pensado, nunca las cosas han ocurrido dulcemente, y en el primer caso no ha habido menos violencia que en el segundo. En las explicaciones de David Bestué la arquitectura y su experiencia se muestran prácticamente siempre como cosas alejadas, forzadas y hasta incompatibles. La arquitectura constituye una extraña forma de resistencia que se opone a la experiencia, y, al final, o casi al final, la experiencia se separa, gasta, conforma, eso que Bestué llama "segunda vida", en realidad el tiempo en el que la reducción de la arquitectura o su derrota se ha consumado. La descripción fenomenológica que David Bestué hace del modo en cómo los vestuarios del Campo de Tiro de la Vall d'Hebron han sido ocupados por el bar de la peña futbolística del barrio, de cómo en ese famoso interior de pilares inclinados y cubiertas abombadas, que en todas las revistas del mundo apareció centenares de veces completamente vacío, fijo en su propia visibilidad, idéntico a su imagen, se han encajado las barras, los taburetes, las mesas, los botelleros, los jamones, los televisores y las fotos y los trofeos deportivos, de cómo detrás de la barra, uno de esos pilares está gastado por

doubt, but also to put his feet in them or his hands on them, and even some of the comments that have emerged from these visits seem to give the impression that the tactile has vanquished the visual. But, when all is said and done, what has he seen? Simply the wounds and the metamorphoses which time and use have wreaked upon these works. David Bestué talks about how in some cases there have been smooth transformations that have adapted these works to the needs of habitation and its inertia, but also how, in others, the work and the circumstances of life have clashed so violently that ultimately all that is left of the work are very faint, barely perceptible traces. Although on second thoughts, things never happen smoothly, and there was no less violence in the first case than in the second. In David Bestué's explanations, architecture and its experience are practically always depicted as something remote, imposed, incompatible even. Architecture is a strange form of resistance that is opposed to experience and, in the end, or almost in the end, experience is separated, spent, created, something that Bestué calls "a second lease of life", in reality the time in which the reduction of architecture or its defeat has been consummated. David Bestué's phenomenological description of how the changing rooms of the Archery Field of the Vall d'Hebron have been turned into the bar of the neighbourhood football supporters' club, of how, in that famous interior of tilted pillars and bulging roofs, which appeared empty hundreds of times in all the magazines in the world, fixed in its own visibility, identical to its own image, bars, stools, tables, bottle holders, legs of ham, televisions and sports photos and trophies have been inserted, of how, behind the bar, one of those pillars has been worn down by the waitress's body, in a revelation of obstacle, struggle and confrontation perfectly at odds with the harmony in which the bodies and stones of ancient architecture meet each other, in the wear, for example, of the steps of a portal or the pillars of the fonts of holy water of a church. This description, to my mind, is amazing, and should have its consequences. Any lover of

el roce del cuerpo de la camarera, en una revelación de obstáculo, lucha y enfrentamiento perfectamente inversa a la armonía con la que cuerpos y piedras se encuentran en la arquitectura antigua, en el desgaste, por ejemplo, de los escalones de un portal o de los pilares o las pilas de agua bendita de una iglesia; esa descripción, digo, es asombrosa, y debería tener consecuencias. Cualquier amante de la arquitectura moderna, siempre triunfante por necesidad y condición, leyendo esas páginas caería en la más profunda depresión o se vería asaltado por la indignación y exigiría tomar medidas. David Bestué no. Él, ingenuo impertinente, nos habla de cómo las gentes se apropian de las obras maestras, y de cómo a veces lo consiguen, no sin grandes esfuerzos, y a veces no, y entonces tienen que destruirlas sin remedio. En esos edificios heridos, cada vez más de carne y hueso, arrancados al momento de su visibilidad mediática, definitivamente distintos a su imagen, desencajados de ella, David Bestué encuentra ojos de cerraduras a través de los cuales descubre bares futboleros, peñas rocieras o agrupaciones sardanistas. Comprobar que la ciudad popular es más dura de pelar que cualquiera de sus representaciones subvencionadas es, siempre, una alegría, pero para quienes tanto admiramos aquellas magníficas obras que Enric Miralles y Carme Pinós proyectaron y construyeron en los ochenta y al filo de los noventa -hace ya de eso algunos años-, ver cómo la apropiación de esa arquitectura se produce, no gracias a ella, sino, siempre en contra suya y a su pesar, no puede sino ponernos melancólicos. Al contrario de lo que vemos en las fotos ahora la vida ha entrado en esas obras, es cierto, pero escupiéndolas como caparazones o convirtiéndolas en huesos. Un gran honor, en verdad. Son la calavera de Yorik.

En la exposición que tuvo lugar en la Sala Montcada, a los comentarios de sus experiencias en el Cementerio de Igualada David Bestué los titulaba "pasando el tiempo". El tiempo, en efecto, va pasando por el cementerio, lo lleva a uno y con uno, y el recorrido revela su forma de campo antropomórfico, de cuerpo de gigante caído. Lo que ha

modern architecture, which always wins out through need and condition, perusing these pages, would be engulfed by an utterly deep depression, would feel indignant, and would demand that measures be taken. Not David Bestué. He, impertinently naïve, talks to us about how people appropriate masterpieces for themselves, and about how they sometimes they actually manage it, not without a major effort, and how sometimes they do not, whereupon they have to destroy them irremediably. In those wounded buildings, increasingly more of meat and bone, torn away from their media visibility, definitively different to their image, dislocated from it, David Bestué finds keyholes to peer through and discover bars of football fans, clubs dedicated to the Virgin or *sardana* dancing clubs. Finding out that the popular city is a tougher nut to crack than any of its subsidised representations is always a source of joy, but for those of us who are such staunch admirers of those magnificent works planned and built by Enric Miralles and Carme Pinós in the eighties and the beginning of the nineties – a few years ago now, seeing how this architecture is taken over, always against its will and much to its regret, can only make us feel sad. Unlike the way we see them in the photos, it is true that life has entered these works, albeit spitting them out as if they were empty shells, or converting them into bones. A great honour, in truth. They are Yorick's skull.

In the exhibition held in the Sala Montcada, David Bestué titled his experiences at the Igualada Cemetery as "passing time". Time does indeed pass through the cemetery, it leads us, it bears us, and the path reveals its anthropomorphic field-like form, the body of a fallen giant. What David Bestué did with this body, the image of all the fine architecture by Miralles and Pinós, was to collect it and carry it on his back. He, an artist not prone to drawing – at least I believe he is not -, has a drawing that represents one man carrying another: his wounded colleague, like soldiers, or his own double, like some ghosts, or, who knows, the way the centaurs or the angel of death carry the poet's

hecho David Bestué con ese cuerpo, imagen de toda la buena arquitectura de Miralles y Pinós ha sido recogerlo y cargarlo a cuestas. Él mismo, artista no muy dado a dibujar -al menos eso creo-, tiene un dibujo que representa un hombre cargando con otro: con su compañero herido, como algunos soldados o con su propio doble, como algunos fantasmas, o, quién sabe, como los centauros o el ángel de la muerte cargan con el cadáver del poeta, o lady Hamilton con su hija, representando a Niobé, o más probablemente, por excelencia, como Eneas carga con Anquises, su padre, huyendo de Troya. Lugares comunes, gestualidad e ideales del arte para dar imagen a la *pietas* antigua, que no tiene nada que ver con la patética piedad cristiana sino simplemente con la obligación de cargar con los mayores. El cuerpo maltrecho por la vida de la arquitectura de Miralles nos llena de melancolía: imagínese el lector a David Bestué cargándolo sin compasión sobre sus hombros, cumpliendo con una obligación que alguien tenía que arrogarse, y salvándolo así del incendio y del expolio.

Ilustraciones

1. David Bestué, *Aguantándome a mi mismo muerto*, 2005
2. Gustave Moreau, *Poeta muerto cargado por un Centauro*, 1895
3. Viñeta de Oskar Schwebel, *Der Tod in deutscher Sage und Dichtung*, 1876
4. Frederick Rehberg, *Lady Hamilton como Niobé*, 1794
5. Rafael, Detalle de *El incendio del Borgo* con Eneas cargando a su padre Anquises, 1514

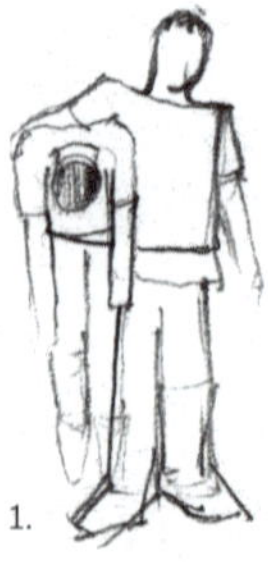
1.

2.

3.

dead body, or Lady Hamilton her daughter, representing Niobé, or, more probably, and par excellence, Eneas shouldering Anchises, his father, fleeing from Troy. Common places, gestures and ideals of art to create the image of the *old pietas*, which has nothing to do with pathetic Christian piety, but simply with the obligation of carrying the elderly. The body of Miralles' architecture, battered by life, fills us with melancholy: let the reader imagine David Bestué carrying him, without compassion, on his shoulders, fulfilling an obligation that somebody had to take on, thus sparing him from fire and pillaging.

Illustrations

1. David Bestué, *Me bearing my dead self*, 2007
2. Gustave Moreau, *A Dead Poet being Carried by a Centaur*, 1895
3. Vignette by Oskar Schwebel, *Der Tod in deutscher Sage und Dichtung*, 1876
4. Frederick Rehberg, *Lady Hamilton as Niobé*, 1794
5. Raphael, Detail of *The fire in the Borgo* with Eneas carrying his father Anchises, 1514

4.

5.

Nota preliminar

David Bestué

Ver el Campo de Tiro, por primera vez, sobresaliendo entre las construcciones de su entorno fue como presenciar un cortocircuito arquitectónico. En aquel instante tuve la intuición de que existían otros modos de entender y construir arquitectura, aunque "simplemente" se tratase de un edificio: limitado, real y frágil. De esta experiencia nació mi interés por desentrañar aquello que tenían de incomprensible los edificios de Enric Miralles. Los planos y fotos aparecidos en libros y revistas no eran suficiente, necesitaba comprobar que su obra existía más allá de las imágenes, tocarla, tratar de entender cómo esas ideas habían llegado a materializarse y cómo lograban convivir con la realidad.

Así fue como en el año 2002 inicié una serie de visitas a los edificios de Enric Miralles que se tradujo en una exposición en la desaparecida Sala Montcada en el año 2005 y, más recientemente, en el Arkitekturmuseet de Estocolmo en otoño de 2008. A lo largo de estos 7 años de trabajo he asistido a la reforma, al abandono y a la destrucción de algunas construcciones de Miralles, experimentando la agria sensación de haber sido de los últimos en aplaudir una obra cuyo telón cayó demasiado pronto.

Tal vez la obra de Miralles sea el canto de cisne de un modo de entender la arquitectura, que más allá de las preocupaciones funcionales, económicas o sociales,

si fuera escritor, y muerto, cómo me gustaría que mi vida se redujese, gracias a un biógrafo amistoso y sin prejuicios, a unos detalles, a unos gustos, a algunas inflexiones: podríamos decir «biografemas»,

BARTHES, Roland. *Sade, Fourier, Loyola*. Madrid: Cátedra, 1997, p.15.

No construyas en la noche pasada. Deja que tus obras huyan a la deriva.

SCHWOB, Marcel. *El libro de Monelle*. Madrid: Nostromo, 1973, p.15.

Preliminary note

David Bestué

Seeing the Archery Field for the first time, emerging from the buildings around it, was like witnessing an architectural short-circuit. At that very moment I had a hunch that there were other ways of understanding and constructing architecture, even if it were "simply" a building: limited, modern and fragile. That experience gave birth to my interest in unravelling the incomprehensible elements of Enric Miralles' buildings. The drawings and photos published in books and magazines were not sufficient, I had to verify that his work existed beyond images, touch it, try to understand how these ideas had materialised, and how they managed to coexist with reality.

Thus, in 2002 I made a series of visits to the buildings of Enric Miralles, which translated into an exhibition at the Montcada Room, now closed, in 2005 and more recently in the Arkitekturmuseet of Stockholm in autumn 2008. Throughout these 7 years of work I have witnessed the abandonment and destruction of some of Miralles' buildings, I have felt the bitter sensation of being one of the last to applaud a work on which the curtain came down too quickly.

Perhaps Miralles' work is like a swansong of a way of understanding architecture, which, beyond functional, economic or social concerns, creates an aesthetic dialogue that spans and brings into play the ensemble of western cultural tradition.

> were I a writer, and dead, how I would love it if my life, through the pains of some friendly and detached biographer, were to reduce itself to a few details, a few preferences, a few inflections, let us say: to "biographemes"

> Do not build in the past. Let your work drift away, in flight.

crea un diálogo estético que abarca y pone en juego el conjunto de la tradición cultural occidental.
¿De qué modo hablar de alguien a quién no conocí, de quién apenas sé a través de la memoria de otros, de vagas referencias en catálogos y revistas? ¿Cómo hablar de alguien tan escurridizo, seducido siempre por los pequeños movimientos, por las situaciones mínimas?

Tal vez, lo más sencillo sería condensar todo aquello que sé de él. Que nació en Barcelona en 1955. Que vivió en el barrio de Les Corts. Que estudió en los Jesuitas. Que jugó a básquet alcanzando la sección de alevines del F.C.Barcelona. Que abandonó el deporte para centrarse en sus estudios de arquitectura en la Universidad Politécnica de Barcelona. Que inició su carrera profesional en el estudio Viaplana Piñón. Que en el año 1985 estableció su propio estudio junto a Carme Pinós, con quién trabajó hasta 1990. Que en 1993 formó un nuevo estudio con Benedetta Tagliabue. Que murió prematuramente en julio del año 2000.

Pero la acumulación de datos no acaba de funcionar, cualquier tipo de aproximación resultará incompleta. Imposible encontrar en la concatenación de los hechos algún indicio de un carácter, imposible resumir o acotar aquello que otro pensaba limitándose a reseguir sus movimientos sobre un plano.

Al enfrentarme a la figura de Miralles, tengo la sensación de caminar precariamente entre los límites de lo que sé y de lo que nunca llegaré a saber. Le he buscado rastreando los textos que escribió, en los recuerdos de sus colaboradores y amigos, en las intenciones que adivino en sus proyectos, en las obras que llegaron a construirse. No he encontrado más que una serie de puntos y coordenadas con las que guiarme entre sus proyectos, buscando los movimientos de su cabeza.

Mi aproximación será necesariamente parcial, sujeta a errores y bordeando siempre el riesgo que se corre al hablar de alguien, de hacerle decir lo que uno quiere, como si fuera una marioneta o el muñeco de un ventrílocuo.

How could I talk about someone I had never known, about whom I know little, and only then through the memory of others, from vague references in catalogues and magazines? How can I talk about someone so slippery, always seduced by the slightest movement, by the smallest situation?

Perhaps it would be easier to summarise everything I know about him: that he was born in Barcelona in 1955. That he lived in the neighbourhood of Les Corts. That he studied in the Jesuits school. That he played basketball and made the novices team of F.C. Barcelona. That he gave up sport to focus on studying architecture at the Universidad Politécnica de Barcelona. That he began his professional career in the Viaplana Piñón practice. That in 1985 he set up his own firm with Carme Pinós, with whom he worked until 1990. That he set up a new firm in 1993 with Benedetta Tagliabue. That he died prematurely, in July 2000.

But the mere accumulation of data does not quite work, any type of approach is incomplete: it is impossible to find, in the mass of facts and events, any sign of a character, it is impossible to summarise or define what the other thought by simply tracing their movements on a drawing.

In thinking about the figure of Miralles, I have the sensation that I am walking the fine line between what I know and what I will never know. I have searched for him by trailing through the texts he wrote, in the memories of his collaborators and friends, in the intent that I glimpse in the work that was actually built. All I have found is a series of points and coordinates which I use to guide myself through his projects, seeking the movements inside his head.

My approach is by necessity partial, subject to errors, and always verging on the risk that one tends to run when talking about someone, of having them say what we want them to say, as if they were a puppet or a ventriloquist's dummy.

Quiero agradecer a Llorenç Bonet y Joana Teixidor su constante apoyo y complicidad: sin ellos este libro nunca hubiera existido. A Josep Miàs, Joan Carles Navarro, Carme Pinós, Eva Prats, Albert Salazar y Benedetta Tagliabue, su entusiasmo al hablar de Miralles. A Juan José Lahuerta y Martí Manen su interés por este trabajo, a José Luis Bestué, Roser Corella, Marc Larré, Pablo Martínez, Txuma Sánchez y Santiago Vich su ayuda para llevarlo adelante. Y, por supuesto, a todos aquellos que habitan los edificios de Enric Miralles y me dejaron compartir su arquitectura con ellos.

I would like to thank Llorenç Bonet and Joana Teixidor for their constant support and involvement: without them, this book would never have been possible. Josep Miàs, Joan Carles Navarro, Carme Pinós, Eva Prats, Albert Salazar and Benedetta Tagliabue, for their enthusiasm in talking about Miralles. Juan José Lahuerta and Martí Manen for their interest in this work, José Luis Bestué, Roser Corella, Marc Larré, Pablo Martínez, Txuma Sánchez and Santiago Vich for their help in pushing it through. And, of course, to everyone who lives in Enric Miralles' buildings and who allowed me to share his architecture with them.

Instituto La Llauna

Badalona, Barcelona (España) 1984-1986

Al acercarme al Instituto La Llauna, en 2009, cruzo un par de plazas y una zona de viviendas de nueva construcción, un escenario muy diferente al del año 1984, en el que Enric Miralles y Carme Pinós recibieron el encargo por parte del Ayuntamiento de Badalona para rehabilitar una antigua fábrica y transformarla en un instituto público. Por aquel entonces, la fábrica se encontraba junto a las vías de tren, en una zona industrial en decadencia formada por calles excesivamente estrechas que carecían de espacios al aire libre. Uno de los objetivos de este proyecto fue dar cabida, en el interior del edificio, a la plaza que no tenía lugar fuera. Con este propósito, se proyectaron estancias amplias, vaciando la fábrica por dentro para dotar de lugares comunes generosos entre las aulas del edificio y crear aquel espacio público inexistente en el exterior. Para realzar esta idea de plaza interior, intentaron aprovechar al máximo la luz natural abriendo un gran ventanal y un lucernario, única intervención arquitectónica visible desde fuera.

La Llauna Secondary School

Badalona, Barcelona (Spain) 1984-1986

On approaching La Llauna secondary school in 2009, I cross a couple of squares and an area of newly-built houses, a totally different scenario to that of 1984, when Enric Miralles and Carme Pinós were commissioned by the City Council of Badalona to refurbish an old factory and turn it into a public secondary school. At that time, the factory stood by the railway line, in a decadent industrial area, comprised of over-narrow streets which lacked outdoor spaces. One of the objectives for this project was to make room inside the building for the square which did not "fit" outside. Spacious rooms were planned, and the inside of the factory was emptied to make room for ample common areas between the classrooms and thus create that public space that did not exist on the outside. To further enhance this idea of an inner square, the architects leveraged the natural light, opening up a large window and a skylight, the only architectural intervention visible from the outside.

Al entrar en el instituto, me encuentro con un espacio completamente diáfano. Más que construir, parece que el trabajo de los arquitectos haya sido limpiar y vaciar el edificio de trastos. El vestíbulo está separado del gimnasio por cortinas de lona. Junto a la puerta, un par de farolas distorsionan simbólicamente el hecho de que me encuentre en un interior. La presencia de un elemento propio del espacio público en un interior arquitectónico ganará valor como precedente al visitar otros de sus edificios. Tensar esta relación entre exterior e interior, permeabilizando los límites y usos, será uno de los objetivos principales de Miralles en sus proyectos posteriores.

Entering the school, I walk into a totally open area. Rather than build, the architects seem to have cleaned and emptied the building of junk. The lobby is separated from the gym by canvas curtains. By the door, a couple of lamp-posts symbolically distort the fact that I am inside a building. The presence of a typically public element inside an architectural work will resurge in later visits to some of his other buildings. Drawing this relationship between the outside and inside ever closer together, fusing limits and uses, would be one of Miralles' main goals in later projects.

P

Los arquitectos diseñaron unas lámparas de bajo presupuesto formadas por dos tapas de plástico pegadas, dislocadas. Si en los pasillos funcionan como objeto industrial, instaladas de forma rítmica y ordenada, en el vestíbulo cuelgan del techo, agrupadas de dos en dos, como si necesitaran a su pareja imperativamente. Se diría que cada una tiene su propia personalidad; dobles no idénticos, emparejados de manera un tanto caótica en el amplio vestíbulo.

El gimnasio ocupa buena parte de la planta baja. Para amortiguar la dureza estructural de los pilares, los arquitectos decidieron acolcharlos con espuma. El conjunto se asemeja a una fiesta de disfraces estática.

The architects designed low-budget lamps, comprised of two plastic covers, stuck together, dislocated. While in the corridors they serve as industrial objects, installed in a rhythmic and orderly fashion, in the lobby they hang from the ceiling, in twos, as if they had to have a partner. Each one seems to have its own personality; non-identical doubles, coupled somewhat chaotically in the roomy hall.

The gym takes up a large part of the ground floor. The architects decided to pad the pillars with foam to play down the pillars' structural harshness. The ensemble is like a static fancy dress party.

Se accede a los pisos superiores mediante unas amplias rampas de madera, dispuestas de modo aparentemente desordenado, como si fueran demasiado grandes para el lugar y alguien las hubiera empujado para que cupieran. En algunos tramos, se bifurcan, posibilitando múltiples recorridos y separaciones. Estas pasarelas desdibujan la estructura original de la fábrica produciendo una confusión entre lo que fue el edificio y lo que es ahora.

Broad wooden ramps, arranged apparently untidily, as if they were too big for the place and someone had shoved them to make them fit, provide access to the upper floors. In some sections they branch out, spawning multiple routes and divisions. These walkways render the original structure of the plant somewhat hazy, generating confusion between what the building used to be and what it is now.

Encontramos otros rastros del antiguo edificio fabril que han sido adaptados para convivir con el instituto actual. El gran lucernario que permite que la luz atraviese todas las plantas, iluminándolas y comunicándolas visualmente entre sí, se sostiene parcialmente sobre las cerchas del tejado original mediante una estrategia que parece un acoplamiento temporal, como si los arquitectos sólo hubieran querido corregir el ángulo y el material de la cubierta.

We come across other traces of the former factory which have been adapted to coexist with the school. The huge skylight that conveys light to all floors, illuminating and connecting them visually, rests partially on the trusses of the original roof in a strategy which seems to be a temporary coupling, as if the architects had sought only to correct the angle and the material of the roof.

Cubiertas en la Plaça de la Vila

Parets del Vallès, Barcelona (España) 1985

En el año 1985, el Ayuntamiento de Parets del Vallès encarga el diseño de una pérgola a la pareja de arquitectos. El objetivo de la obra es enfatizar el carácter público de una plaza que queda un tanto desdibujada, al encontrarse elevada sobre un aparcamiento, varios metros por encima de la calle principal.

Las pérgolas se acoplan a la fachada de las oficinas municipales, abandonando así su carácter aislado y pasando a formar parte de la nueva construcción. Esta estrategia parásita se asemeja a la posibilidad de apertura de un texto que permite insertar otro nuevo desde cualquier punto de una frase, dotándola de un nuevo sentido y tiene mucho que ver con la intención de los arquitectos de activar el espacio original sobre el que actúan. En este caso, las pérgolas parecen estructuras del edificio saliendo hacia la calle o el propio edificio escapándose de sí mismo.

Pergolas in the Plaça de la Vila

Parets del Vallès, Barcelona (Spain) 1985

In 1985, the Town Council of Parets del Vallès commissioned the two architects with the design of a pergola. The objective of the work was to highlight the public nature of a square, which was somewhat hazy, as it was located above a car park, several metres above the main street.

The pergolas are attached to the facade of the municipal offices, thus doing away with their seclusion, bringing them into the new building. This parasite-type strategy is akin to the possibility of opening a text that permits the insertion of a new piece of text from anywhere in a sentence, affording it new meaning, and is closely related to the architects' intention of activating the original space they are working on. In this case, the pergolas are like structures of the actual building, emerging into the street or the actual building escaping from itself.

Las placas de madera se apoyan sobre los vértices de una estructura metálica en zigzag, permitiendo una mayor ocupación del espacio, como bien saben las moscas y los borrachos. Esto produce un efecto de desequilibrio y desorden aparente en el que las pérgolas parecen estar a punto de ceder a su propio peso, aguantándose penosamente entre sí.

The wooden panels rest on the vertices of a zigzagging metal structure, a line which permits better occupation of space, as flies and drunks know only too well. This gives rise to an effect of apparent disequilibrium and untidiness in which the pergolas seem about to collapse under their own weight, barely supporting each other.

Al observar las pérgolas, me interesó esa percepción inestable, similar a la de unos papeles extendidos desordenadamente sobre una mesa: uno teme por el equilibrio de la estructura.

Tal vez, la única manera de entender algo sea repetirlo.

On looking at the pergolas, their unstable perception interested me, like papers strewn over a table. You fear for the balance of the structure.

Perhaps the only way of understanding something is repeating it.

Tras recorrer las pérgolas y hacer la maqueta pensé en Almudáfar, el pueblo de mi abuela. Años atrás, habían colocado en la plaza unas cubiertas que me recordaban al proyecto de Miralles y Pinós. En mi siguiente visita comprobé, no sin cierto estupor, que realmente aquellas cubiertas eran una versión a tamaño reducido de las de Parets (con pequeñas variaciones en la estructura y el material de las cubiertas). Encontrar tal semejanza con la pequeña plaza donde había jugado durante mi infancia parecía una broma. De algún modo, el descubrimiento de este reflejo funcionó como una señal para mí; la advertencia de que este trabajo iba a tener más implicaciones personales de las previstas.

After strolling through the pergolas and making the model, I thought of my grandmother's town, Almudáfar. Years ago they had placed covers over the village square which reminded me of Miralles and Pinós' project. On my next visit I realised, not without a certain surprise, that these pergolas were actually a smaller-scale version of the ones in Parets (with minor variations in part of the structure and the roof material). Finding such a similarity with the small square where I had played in my childhood seemed almost like a joke. In a certain way, the discovery of this reflection acted like a signal for me, a warning that this work was going to have more personal implications than I had expected.

Cementerio de Igualada

Barcelona (España) 1985-1991

En el proyecto del Cementerio de Igualada se aprecia una intención narrativa en el espacio arquitectónico que raya la violencia mental. Puede resultar frustrante y casi obsceno intentar describir de qué modo los elementos arquitectónicos acaban generando un paisaje psíquicamente complejo e insoportablemente triste.

Enric Miralles y Carme Pinós proyectan un cementerio con múltiples referencias a la muerte, en el que cada detalle es una pieza que contribuye a construir una textura simbólica por la que se puede circular. En una entrevista, Carme me explicó que la totalidad del proyecto se realizó mediante una discusión constante entorno a cada elemento. Este diálogo entrecruzado se adivina al recorrer el cementerio. Imagino a los dos arquitectos preguntándose qué hacer frente al plano del terreno, el espacio vacío anterior a la escritura, como una hoja en blanco, sintiendo la angustia paralizante de querer anotarlo todo.

Igualada Cemetery

Barcelona (Spain) 1985-1991

The Igualada cemetery project shows a narrative intention in the architectural space which verges on mental violence. It may prove frustrating and almost obscene to try to describe how the architectural elements eventually generate a psychically complex and unbearably bleak landscape.

Enric Miralles and Carme Pinós plan a cemetery with multiple references to death, in which every detail is a part that contributes to building a symbolic texture through which one can move. In an interview, Carme told me that the whole project revolved around a constant debate on each element. One perceives this cross-fire dialogue on walking through the cemetery. I can imagine both architects wondering what to do with the terrain, like the blank page waiting to be written on, with that almost crippling anguish of wanting to commit everything to paper.

Les imagino dibujándolo una y otra vez hasta despejar y delimitar el espacio que ocupará el cementerio: el acceso desde la calle franqueado por una valla esquelética, la plaza con los almendros y la capilla medio sepultada en el terreno, el descenso rápido hacia la zona de los nichos, el meandro alrededor del cual éstos se acumulan y la suave pendiente con la que abandonamos el lugar. Han calculado cada detalle de este recorrido: las distancias, el esfuerzo y los movimientos en el espacio arquitectónico, formando una densidad narrativa premeditada que nos acompaña, casi se podría decir que adormeciéndonos, entre los límites del espacio físico y mental. El tiempo se ha quedado fuera, esperándonos.

I imagine them drawing it time and time again until they cleared and defined the space to be taken up by the cemetery: access from the street flanked by a skeletal fence; the square with almond trees, and the chapel, half-buried in the terrain; the quick descent towards the burial area; the meander around which the burial recesses accumulate and the gentle slope out of the place. They calculated every last detail along this path: the distances, effort and movements in the architectural space, forming a premeditated narrative density that accompanies us, almost lulls us, one might say, into slumber between the limits of the physical and mental space (time is outside, waiting for us).

Tras ganar el concurso en 1986, Miralles y Pinós viajan a Suecia para visitar el cementerio de Estocolmo, construido en 1930 por Gunnar Asplund y Sigurd Lewerentz. De este proyecto aprenden las estrategias narrativas en el tratamiento del paisajismo, el uso simbólico de los materiales y el diseño de aquellos elementos que acompañan al visitante durante su recorrido por el cementerio. Ejemplo de ello son el reloj negro situado cerca de la entrada, incapaz de señalar las horas, o el plano de un laberinto dibujado en el pavimento justo delante de las sillas destinadas a los familiares del difunto en la sala de velatorios, un detalle que marcó a Miralles como evidencian sus notas al respecto:

Lo he explicado muchas veces en clase. Y es que lo sabes antes de que ocurra; sabes que entrará alguien, que estará llorando, y que se sentará allá. Estará pensando en su madre, triste, y de repente... ¡Se habrá olvidado de todo!... ¡Es impresionante! Y luego el banquito aquél que hay para que se siente al lado el espíritu del que se acaba de morir... Ese banquito es terrorífico, porque levantas la mirada y ves un sitio que está escenificando la ausencia de una persona. ¡Porque ahí no se sienta nadie, ni en broma! Ese sentido narrativo de las cosas a mí me interesa muchísimo.

TUÑÓN, Emilio; MORENO MANSILLA, Luis. "Apuntes de una conversación informal (con Enric Miralles)". El Croquis. 2002, nº 100-101. En: *Mapas Mentales y paisajes sociales.* Madrid: El Croquis Editorial, 2002, p. 14-15.

After winning the competition in 1986, Miralles and Pinós travelled to Sweden to visit the cemetery of Stockholm, built in 1930 by Gunnar Asplund and Sigurd Lewerentz. From this project they learnt narrative strategies in the treatment of landscaping, the symbolic use of materials and the design of the elements that accompany the visitor during their walk through the cemetery. One example is the black clock located near the entrance, unable to tell the time, or the map of a labyrinth drawn on the flooring just in front of the chairs for the deceased's relatives in the wake room, a detail which marked Miralles, as his notes show:

I have often explained that one in class. And the thing is that you know before it happens, you know that somebody is going to enter, that they will be crying and that they are going to sit down there. They will be thinking about their mother, they will be sad, and all of a sudden... They will have forgotten all about it!.... It's amazing! And then that little bench for you to sit down alongside the spirit that has just died... That bench is tremendous, because you lift your gaze and you see a place that is staging the absence of a person. Because nobody sits there, not even as a joke! I am incredibly interested in that narrative sense of things.

Para llegar al cementerio hay que encontrar la calle de los cipreses en medio de la zona industrial de Igualada y desde ahí dejar que los árboles nos acompañen. El cementerio se encuentra al final de la calle, tras una especie de valla realizada con armazones estándar de hierro, conocidos como “almas” en el argot constructivo habitualmente empleados para reforzar el hormigón. En esta verja nace una acumulación de esqueletos de edificios desnudos entre los que crece retama; dos elementos punzantes y agresivos, disuadiendo a cualquiera que pretenda saltarla.

En el interior, uno se halla frente a una explanada de gravilla en forma de mancha de aceite. A la derecha, un montículo formado por la tierra escavada durante la construcción del cementerio esconde unos almendros que actúan como referencia temporal, cambiando su aspecto cíclicamente a lo largo del año. Más allá, empiezan a distinguirlas construcciones que conforman el proyecto, desparramadas por el territorio, en algunos casos semienterradas.

To reach the cemetery, you have to find the street of the cypresses in the middle of an industrial area of Igualada and then just follow the trees. The cemetery lies at the end of the street, behind a kind of fence made with standard iron frames, like those used to reinforce concrete, known as "cores" in building terminology. This fence has an accumulation of skeletons of bare buildings among which broom grows; two jagged and aggressive elements, a deterrent to anyone that would seek to jump it.

Inside, you encounter a gravel esplanade the shape of an oil slick. To the right, a mound comprised of the excavated earth during the building of the cemetery is concealed among almond trees that act as a time reference, cyclically changing their appearance throughout the year. Beyond that, you can begin to make out the project buildings, scattered across the land, some of them half-buried.

El primer movimiento instintivo es el de aproximarse a la morgue, una construcción adyacente a una elevación del terreno. En la fachada, unos módulos de hormigón forman una trama geométrica que irá repitiendose a lo largo del cementerio, acogiendo al paseante como si avanzara envuelto entre unos tejidos que irán acompañandose en su recorrido, marcando un ritmo.

De lejos, la puerta de la morgue parece entreabierta; sin embargo, al acercarme, me doy cuenta de que en realidad se trata de una pequeña abertura calculada y fija que impide el acceso al interior del edificio. Tal vez, su función no sea otra que la de facilitar la salida de substancias etéreas.

The first instinctive movement is to approach the morgue, which is an annex next to an elevation of the terrain. On the facade, concrete modules form a geometrical weft that will be repeated throughout the cemetery, almost enshrouding us in wraps that will accompany us in our route, setting the pace.

Further off, the door of the morgue seems to be ajar, although on approaching it I realise that it is actually a small fixed and deliberate opening which renders access to the inside of the building impossible; perhaps its function is simply to help ethereal substances to get out.

Advierto otra puerta en el lateral izquierdo, también cerrada, que tiene una serie de incisiones sobre la chapa. Eva Prats, antigua colaboradora del estudio, me explicó cómo, durante una visita a las obras del cementerio, Miralles pidió un soplete y agachándose delante de la puerta, trazó una serie de garabatos. Ese gesto o, en el caso de Jujol, dibujar sobre el yeso o el cemento todavía fresco, tiene algo de rebelión contra los tiempos y contra la seriedad de la obra en construcción; como si de repente algo que han pensado o proyectado en una mesa se les hubiera ido de las manos, hubiera aumentado vertiginosamente de escala y al dejarle una marca, al arañarlo, pudiera volver a pertenecerles.

Respecto al significado del dibujo, Eva recuerda la leyenda de San Hubertus, que un becario alemán del mismo nombre, relató un día frente a Miralles en el estudio. La historia de un militar medieval que de camino a una batalla topó con un ciervo cuyos cuernos tenían forma de cruz latina. Esa leyenda no sólo se incluirá a modo de hendiduras en la entrada lateral sino que también se intuirá en el diseño de las lápidas.

I see another door on the left side, also closed, with a series of incisions on it. Eva Prats, a former collaborator of the studio, told me how once, during a visit to the work on the cemetery, Miralles asked for a blow torch and, stooping down in front of the door, committed a series of doodles to it. This gesture or, in the case of Jujol, drawing on unset plaster or cement, is not unlike a rebellion against time and against the seriousness of the work under construction; as if something they had thought through or planned at a table had suddenly gone beyond their control, had grown in scale at breakneck pace, and as if, by making their mark on it, by scratching it, they could reclaim it.

As for the meaning of the drawing, Eva recalls the legend of Saint Hubert, narrated by a German fellow of the same name to Miralles in the studio one day. The story of a medieval soldier who, en route to battle, encountered a deer whose antlers had the form of a Roman cross. That legend is not only included by means of notches on the side, but is also hinted at in the design of the tombstones.

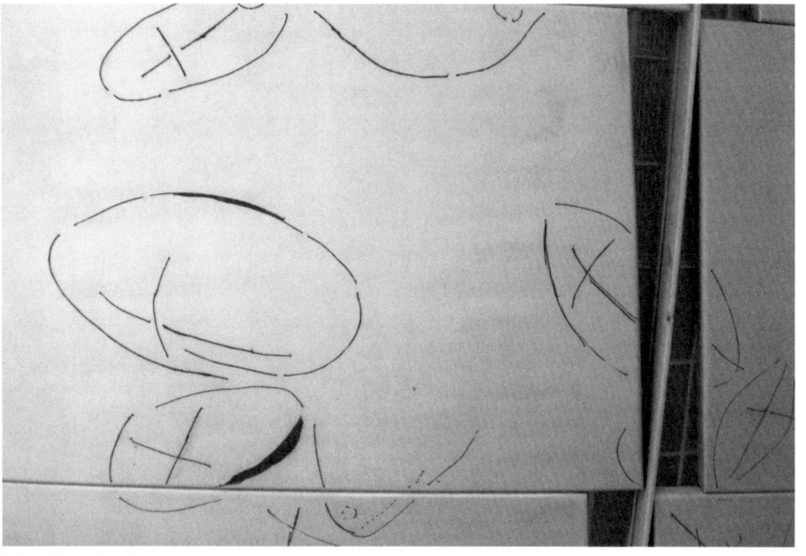

Tras intentar, infructuosamente, acceder al edificio de la morgue, me dirijo a la zona de la capilla inacabada, una gran sala de hormigón que parece medio sepultada por la montaña. Al entrar, descoloca la provisionalidad del edificio a medio construir, como si uno se hubiera colado en una zona de obras (unas obras que, por otro lado, llevan más de diez años paradas). Miralles decía que la mejor manera de que un edificio no entrara en decadencia era precisamente dejándolo inacabado, y es cierto que al recorrer la capilla, uno se imagina los elementos que faltan, unos elementos que están allí en potencia.

After unsuccessfully trying to enter the morgue, I make for the area of the unfinished chapel, a large concrete hall that looks half-embedded in the mountain. On entering, the provisional nature of the unfinished building is disarming, it is almost as if you had stolen into a building site (where, moreover, work had been halted for ten years). Miralles said that the best way for a building not to fall into decadence was precisely by leaving it unfinished, and it is true that on walking through the chapel you imagine the elements that are missing, elements which are potentially there.

Al entrar en la gran sala de la futura capilla observo tres grandes lucernarios atravesados por la misma trama utilizada en la fachada de la morgue; en este caso, los módulos que la componen se encuentran suspendidos, elevándose hacia el cielo.

En una esquina de la sala, donde en un futuro se ofrecerán las exequias, pequeños lucernarios permiten la entrada de luz natural, efecto similar al que produce el último haz de luz que penetra en el nicho antes de cerrarlo.

Tras la sala, una escalera permite el acceso a la cubierta de la capilla: no es más que la ladera de una montaña. Observo los lucernarios medio ocultos entre arbustos; desde aquí, parecen pequeñas estructuras de hormigón a medio construir. Un poco más alejada, allí donde comienza el bosque, se distingue la estructura metálica oxidada que sirvió para hacer los encofrados de parte de los nichos del cementerio. La presencia y supervivencia de este elemento en este preciso lugar parece intencionada.

On entering the large hall of the future chapel I see three large skylights crossed by the same lattice used on the morgue facades; in this case, the modules that comprise it are suspended, rising skywards.

In one corner of the hall, where funeral masses will be said, small skylights allow natural light in, like that last ray of light that enters the coffin just before it is sealed.

Behind the room there is a staircase to the chapel roof: It is actually the mountainside. I look at the skylights, half-concealed among bushes; from here they are like small half-built concrete structures. A little further away, where the forest begins, I make out the rusty metal structure used to construct the formwork of part of the cemetery's burial recesses. The presence and survival of this element in this precise place seems intentional.

Durante el recorrido, llama la atención la elección de materiales que presentan cierta cualidad de desprendimiento. Las vallas van dejando un rastro de óxido, la grava se dispersa a nuestro paso, los travesaños de madera del pavimento se astillan poco a poco. Incluso las piedras de los muros de los nichos parecen sujetas a cambios imperceptibles, como si fueran el resultado de un amontonamiento más que de una construcción, supeditadas al paso del tiempo, a cualquier tipo de cambio. Esta transmutación de la materia que se produce constantemente en los diferentes elementos del cementerio se asemeja a un cadáver inerte que ya no puede gobernarse.

While walking through the cemetery, the choice of materials, which look like the result of a landslide, catches the eye. The fences leave a trail of rust, the gravel disperses at our feet, the wooden beams of the flooring splinter as you advance. Even the stones of the walls of the burial recesses seem subject to imperceptible changes, as if they had been piled up rather than built up; at the mercy of the passing of time, of any kind of change. This transmutation of matter that takes place constantly in the different elements of the cemetery is like a lifeless body that can no longer control itself.

FAMILIA
TORRES
AGUILAR
FAMILIA

Este constante desmembramiento permite introducir cambios en la construcción, pequeñas variaciones formales, como la de depositar una piedra de las ruinas griegas de Empúries en una de las paredes del cementerio, generando enlaces temporales y simbólicos. Un homenaje que pasará desapercibido.

Para acceder al espacio central del cementerio, donde se encuentran los nichos y las tumbas, desciendo una escalera que surge de lo que parece una lápida medio abierta. Claudio Vekstein, explica en su *blog,* su visita al cementerio acompañado de Miralles y cómo, al bajar la escalera, éste le iba hablando a sus espaldas (las dimensiones de la escalera obligan a hacer el descenso en solitario, con alguien delante o detrás pero nunca con alguien al lado). Al iniciar el descenso, Enric empezó a susurrar: "ahora estás muerto, ahora estás muerto". Al abandonar el primer tramo de la escalera y salir al exterior, le dijo: "ahora estás vivo". Al continuar el descenso por la segunda escalera-lápida, le repitió: "estás muerto, estás muerto" y al volver a salir al exterior, en la gran explanada, lo miró y le dijo: "ahora vuelves a estar vivo. ¿Lo entiendes?".

This constant dismembering renders it possible to make changes to the construction, minor formal variations, such as depositing a stone from the Greek ruins of Empúries in one of the cemetery's stone walls, generating links in time and in symbolism. A testimonial that will go unnoticed.

To access the main space of the cemetery, where the burial recesses and graves are located, I go down some stairs that emerge from what looks like a half-open gravestone. In his *blog,* Claudio Vekstein explains his visit to the cemetery in the company of Miralles and how, as they made their way down the stairs, Miralles talked to him from behind (the stairs are so narrow that you have to go up or down them in single file). On beginning the descent, Enric began to whisper *"now you are dead, now you are dead"*. On moving out of the first flight of the stars and into the open he said *"now you are alive"*. On proceeding down the second "tombstone-stairs" he repeated *"you are dead, you are dead"* and on getting outside again, onto the large esplanade, he looked at him and said: *"now you are alive again. Do you understand?"*

Desde aquí, asimilo por primera vez la dimensión del cementerio y el modo en el que va envolviendo al visitante, sepultándole. Salvando las distancias, me recuerda a uno de esos dibujos que realizó Botticelli para ilustrar *La Divina Comedia* y en los que el descenso al infierno se hacía a través de sucesivos niveles circulares.

Tras bajar el segundo tramo de la escalera, se accede a la parte inferior del recinto, una zona en pendiente con árboles y bancos. El goteo de referencias que remiten simbólicamente al uso del lugar no cesa y poco a poco se va adhiriendo a la cabeza del paseante como una corteza. Es algo que sucede al observar de cerca el pavimento, compuesto de gravilla y travesaños de vías de tren reutilizados, maderas viejas que desde su horizontalidad confrontan la verticalidad de los troncos de árboles vivos. Alrededor, están las paredes de los nichos y a mano izquierda, una especie de meandro pétreo donde se encuentran las tumbas y los panteones familiares.

From this point I understand the cemetery for the first time and the way it enshrouds visitors, burying them. Give or take the obvious differences, it reminds me of one of the drawings done by Botticelli to illustrate *The Divine Comedy*, in which the descent into hell was effected by means of successive circular levels.

After descending the second flight of stairs, one has access to the bottom of the premises, a sloping area with trees and benches.
The spate of references that refer symbolically to the use of the place come hard and fast and gradually stick to the visitor's head, like a crust or bark. It is something that occurs on observing the ground closely, comprised of gravel and reused railway sleepers, old pieces of wood whose horizontality is at odds with the upright tree trunks. Around us are the walls of the burial recesses, and on the left there is a kind of stony meander where the tombs and family vaults are located.

Abandono el cementerio por una gran rampa que me expulsa hasta la salida, franqueada por una extraña valla compuesta de largas barras de hierro que forman cruces; más que una cerca parece una advertencia (Tal vez deberían contener una resistencia eléctrica que las mantuviera permanentemente a 36,5 grados de temperatura para transmitirnos una sensación más cálida al salir). Al ascender por la rampa vuelvo a sentirme acompañado por la trama geométrica que recubría la fachada de la morgue y que trepaba por los lucernarios de la capilla. Esta repetición funciona aquí como una aceleración del ritmo, como el estribillo final de una canción pegadiza.

I leave the cemetery along a large ramp that takes me to the exit, flanked by a strange fence comprised of large iron bars forming crosses; more than a fence, it is like a warning. Perhaps they should contain an electrical resistance that would keep them at a permanently temperature of 36.5 Celsius to convey a greater sensation of warmth on the way out. On walking up the ramp once again I encounter the geometric weft that covered the facade of the morgue and that which climbed up the chapel's skylights. This repetition works here as if to accelerate the pace, like the last line of a catchy tune.

He fingido haber seguido la lógica abandonando el cementerio por la puerta, pero no ha sido así. El cementerio posee unos límites difusos que aparentemente permiten entrar y salir sin transiciones, una posibilidad demasiado tentadora que me impulsa a salir por otro lugar. Aunque en un primer momento me adentro en una zona arbolada pensando que ya he salido, descubro una alambrada que rodea todo el perímetro del cementerio, una valla que salto - no sin dificultad coreográfica - y tras la cual encuentro un riachuelo y nuevas barreras que lo separan de un entorno muy degradado. No acabo de sacudirme la idea de estar en un espacio narrativamente estructurado. Aunque me alejo paulatinamente del cementerio, tengo la sensación de que sus elementos siguen repitiéndose sin existir una rotura evidente. El agua contaminada que detecto al acercarme al riachuelo me remite instantáneamente al pavimento del cementerio. Tras bordearlo, lo atravieso y asciendo por las laderas grises, cuarteadas y secas que forman el paisaje envolvente del lugar: los restos de una antigua cantera, semejantes a montones de ceniza.

I pretended to have followed logic, exiting the cemetery through the door, but this was not so. The cemetery has vague limits that apparently allow people to enter and leave without transitions, an over-tempting possibility that drives me to exit another way. Although initially I walk into a woody area thinking that I have left, I discover a wire fence that surrounds the cemetery, which I proceed to jump - not without difficulty - after which I come upon a brook and new barriers that separate it from a very derelict setting. I cannot shake off the idea that I am in a narratively structured space. Although I am gradually moving away from the cemetery I have the sensation that its elements are repeated, that I do not actually leave it. The polluted water that I detect on approaching the stream reminds me instantly of the cemetery floor. Having skirted it, I cross it and go up the cracked and dry grey hillsides that form the landscape around the site: the remains of an old quarry, like heaps of ash.

Voy caminando lentamente por el costado menos abrupto de la ladera. Al volver la cabeza, veo el cementerio en su totalidad, allí abajo, tan pequeño como un objeto. Avanzando paralelamente a éste, reparo en que a su alrededor las cosas siguen funcionado, ajenas a su arquitectura. Los camiones circulan veloces por la autopista y lentamente por la zona industrial. Las grúas de las obras cercanas se desplazan sutilmente, las chimeneas humean y suenan sirenas a lo lejos. Al alcanzar la cima, descubro un campo verde de alfalfa, como si por fin hubiera llegado al nivel de la superficie. Sigo caminando, mientras observo el cementerio de reojo hasta encontrarme cara a cara con la zona industrial. La contemplo con la misma mirada con la que examinaba el cementerio, como si no existieran transiciones entre los lugares por los que deambulo, como si la visita al cementerio me hubiera replanteado el modo en el que suceden las cosas, como si estas cosas tuvieran un significado simbólico más allá del material, casi sin querer.

I walk slowly along the least abrupt side of the hillside. On looking back, I gaze upon the whole cemetery, down there, like a small object. As I proceed in parallel to it, I notice that other things continue to function around it, alien to its architecture. Lorries speed along the motorway, and crawl slowly through the industrial area. The cranes on the nearby sites move subtly, the chimneys belch smoke and horns go off in the distance. On reaching the top, I discover a green field of alfalfa, as if I had finally reached surface level. I continue to observe the cemetery out of the corner of my eye until I come, face to face again, with the industrial area. I gaze upon it with the selfsame look with which I examined the cemetery, as if there were no transitions between the places through which I am wandering; as if the visit to the cemetery had made me rethink the way that things happen; as if these things had a symbolic meaning that went beyond the material, almost without wanting to.

Llego a casa con el estribillo todavía en la cabeza y lo repito en una de las paredes del comedor con la vana intención de expandir la dimensión del cementerio para que no acabe nunca.

I reach home with the tune still ringing in my head, and I repeat it on one of the walls of the dining room, vainly intending to expand the dimension of the cemetery to make it never-ending.

Centro Cívico del barrio de La Mina

Barcelona (España) 1987-1993

El proyecto para el Centro Cívico del barrio de La Mina consistió en reformar un edificio construido en los años 60, situado entre un bloque de viviendas y un mercado. El encargo forma parte de la estrategia llevada a cabo por el Ayuntamiento de Sant Adrià del Besòs en 1987, de dotar de infraestructuras al antiguo polígono. La actuación de Miralles y Pinós se estructuraba alrededor del acondicionamiento de la sala de actos. La estrategia conceptual se basó en camuflar el proyecto dentro del antiguo edificio y crear un paisaje interior sin ningún tipo de aperturas. Este deseo de autosuficiencia cerró el edificio herméticamente como un búnker, ignorando la realidad circundante y provocando el rechazo de los vecinos, que apenas utilizaron el centro.

Civic Centre of the district of La Mina

Barcelona (Spain) 1987-1993

The project for the Civic Centre of the district of La Mina was the restoration of a building erected in the 60s, located between a block of houses and a market. The commission was part of the strategy implemented by the City Council of Sant Adrià del Besòs in 1987 to provide the former industrial estate with infrastructure. Miralles and Pinós' intervention was structured around the preparation of the meeting room. The conceptual strategy consisted of camouflaging the project inside the old building and creating an innerscape with no kind of openings. This desire for self-sufficiency sealed the building hermetically like a bunker, ignoring the surrounding reality, leading to the rejection of the neighbours, who barely used the centre.

La única intervención en el exterior es un rótulo metálico que se despliega entre los pilares del porche de entrada al edificio, un rótulo que recuerda a los caligramas que Junoy realizaba en los años 30. Las frases angulosas que se clavan en el papel se ven sustituidas aquí por una serie de finísimos apoyos que no son más que la prolongación de algunas de las letras del cartel. Es necesario atravesarlas para entrar al edificio: primero el texto, después el espacio al que alude.

La responsable de *Afers Socials*, que, para su desgracia, es quien tiene la llave del centro, está ya un poco cansada de hacer de "portera". Me explica que los objetivos del local nunca llegaron a cumplirse y que la sala sólo se utiliza un par de veces al año, durante la *Setmana Cultural* o en ocasiones puntuales. El problema, más allá de la deficiente sonorización de la sala o el incumplimiento de la ley de accesibilidad para inválidos, es que la gente del lugar no llegó a apropiárselo, viéndolo como algo ajeno a ellos, como si el edificio estuviera en el lugar equivocado. "*Pensaven* –declara– *que els problemes del barri es solucionarien amb l'arquitectura*".

The only intervention on the outside is a metal sign placed between the pillars of the entry porch to the building, reminiscent of Junoy's calligrams from the 1930s. The angular sentences nailed onto the wall are replaced here by a series of ultra-thin supports which are little more than the prolongation of some of the letters of the poster. You have to go through them to enter the building: first the text, followed by the space to which it alludes.

The person in charge of "Social Affairs", who, to her misfortune, is the person who has the key to the centre, is somewhat fed up of being the "concierge". She explains that the objective of the premises was never reached, and the room was only used a couple of times a year, during the "Cultural Week" or on specific occasions. The problem, beyond the poor soundproofing of the room or non-fulfilment of the law on accessibility for the disabled, is that the locals never took to the place, seeing it as something alien to them, as if the building were in the wrong place. *"They thought that the problems of the neighbourhood would be solved by architecture"* she says.

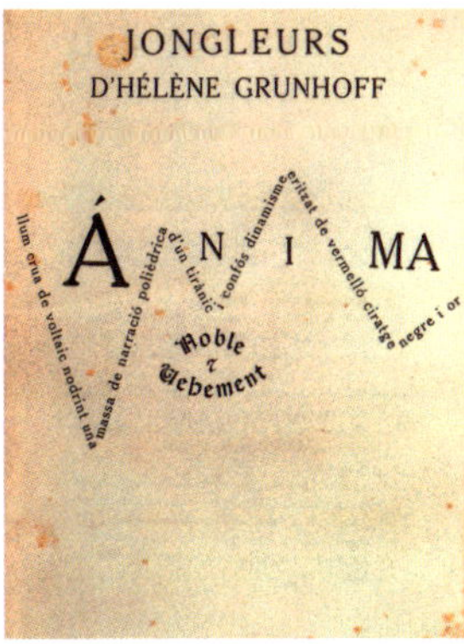

Junoy, Josep Mª. "Les Jongleurs". *Troços* nº 1 p.3. Barcelona: Llibreria de les Galeries Laietanes, 1916.

También me narra las desventuras de japoneses despistados, que al intentar visitar muestras de arquitectura contemporánea local, se han visto sumidos en la pesadilla de encontrar la puerta permanentemente cerrada. Al cabo de un rato, tiene que volver al Ayuntamiento, sin embargo me presta las llaves del local para dar una vuelta el tiempo que quiera pidiéndome que cierre la puerta al salir y deje las llaves en el buzón. Que alguien me deje deambular solo por un lugar al que tengo tanto respeto, me desconcierta. Maldigo mil veces no haberlo sabido antes y haber desaprovechado una ocasión tan buena para llevar a cabo algo trascendente (como haber traído una güija o algo así) maldigo también no haber traído el trípode (véanse fotos movidas y oscuras). Es como si tu grupo de música favorito te cantara al oído o como si leyeras tu libro predilecto siendo masajeado en la espalda por su autor. Empiezo a pasear por la sala de actos observando con parsimonia cada uno de sus detalles: la gran pared metálica con forma de perfil de montaña que dota de peso al espacio central y lo separa de la zona de los lavabos, la estructura cuadriculada colocada a pocos centímetros del techo que disimula la ausencia de lucernarios y, por último, la grada situada en uno de los lados de la sala.

She also tells me about the nightmarish misadventures of some absent-minded Japanese people who, attempting to visit examples of contemporary local architecture, found that the door was permanently closed. After a while she has to return to the Town Hall although she leaves me the keys so that I can explore the place at my leisure, asking me to close the door when I leave and pop the keys in the mailbox. I am somewhat disconcerted at the idea of someone letting me wander about a place I greatly respect. I curse myself a thousand times for not knowing this before and for having failed to make the most of such a good opportunity to do something transcendental (bring a pebble or something like that); I am also beside myself at not having availed myself of a tripod (ergo blurred and dark photos). It is almost as if your favourite band were playing just for you or if you were reading your favourite book while being given a back massage by the author. I begin to walk round the meeting room, unhurriedly observing each one of its details: the great metal wall with a mountain-like profile affords the main space weight and separates it from the toilet area, the grid structure placed a few centimetres from the ceiling that covers up the lack of skylights, and finally the gallery located on one side of the hall.

La grada es desproporcionada para el lugar, no tiene otra función que la de generar una densidad espacial dentro de la sala, como si temiendo que ésta fuera a ser demasiado fría, se hubiera previsto una zona de dimensiones más humanas, casi como una cabaña. Y de nuevo esta idea de estar dentro de un paisaje construido dentro de una caja. Uno de los laterales de esta grada se detiene a un metro escaso de la pared. En lugar de poner una barandilla, los arquitectos deciden adelantar la pared colocando un tablero blanco. Este gesto ejemplifica el sistema operativo que han utilizado aquí: buscar soluciones complicadas para problemas sencillos, tensando la relación entre los elementos de la sala y sus funciones.

The gallery is disproportionate for the place, its sole function is to generate a spatial density in the room, as if, fearing that the room were too cold, an area with more human dimensions, almost like a log cabin, had been conceived. And once again that idea of being in a landscape built inside a box. One of the sides of this gallery is barely a metre away from the wall. Instead of using a handrail, the architects decided to bring the wall closer using a white board. This exemplifies the system used here by the architects: seek complicated solutions for simple problems, render the relationship between the elements of the hall and its functions rather tense.

Tras merodear por el interior del edificio, me detengo ante de una gran puerta que impide continuar mi exploración. A través de la cerradura observo que el espacio oculto tras ella está habitado por una "peña rociera". En una pequeña habitación alargada, se amontonan imágenes de la Virgen y objetos litúrgicos en lo que parece ser el único espacio del recinto que permanece en uso. Una serie de cubos dispuestos por la habitación sugiere la existencia de goteras. Dentro del espacio consagrado a la virgen, parece que el edificio "ironice" incluyendo sus lágrimas.

After noseying around inside the building, I stop in front of a large door that curtails my exploration. Through the lock I see that the space behind it is occupied by a "peña rociera" [association of devotees of the Virgen del Rocío]. The room, small and long, is choc-a-bloc with images of the virgin and liturgical objects in what seems to be the only space that is still in use. Buckets on the floor point to possible leaks. In this space dedicated to the Virgin, the building itself seems to be "ironic", including her tears.

Actualmente el edificio ha desaparecido, al menos tal y como era en mi primera visita. Durante los años 2006 y 2007, se realizó una segunda reforma que incluía la construcción de una biblioteca de locales y despachos para asociaciones del barrio. Del edificio original de los años 60, sólo se conservó una mínima estructura exterior, sin embargo, algunos elementos de la intervención de Miralles y Pinós han sido salvaguardados. Resulta curioso que el edificio que fue objeto de reformas haya sido derruido manteniéndose la rehabilitación. En este proceso, la aportación de los arquitectos ha perdido su función original, generando una variación simbólica: al perder su razón arquitectónica, estos restos se convierten, según el Ayuntamiento de Sant Adrià, en un "conjunto escultórico".

The building has now disappeared, or at least in my first visit. A second refurbishing took place in 2006 and 2007, including the building of a library and rooms and offices for use by local associations. Only a minimum outer structure was maintained of the original building from the 1960s, although some of the elements of Miralles and Pinós' intervention have been conserved. It is curious that the building that was refurbished was demolished, although the restored part was pardoned. In this process, the architects' contribution lost its original function, generating a symbolic variation: on losing its architectural raison d'être, these remains have become, according to the Town Council of Sant Adrià, a "sculptural ensemble".

El letrero del exterior no parece haber corrido la misma suerte al yacer amontonado cerca del nuevo edificio, quién sabe si para su futura recolocación o simplemente a la espera del chatarrero.

The outside sign does not seem to have fared so well, lying in a heap near the new building, who knows whether to be subsequently restored to its place or simply awaiting the scrapper.

Centro Cívico de Hostalets de Balenyà

Barcelona (España) 1986-1992

El edificio del Ayuntamiento de Hostalets de Balenyà, localidad cercana a Vic, diseñado por Miralles y Pinós en 1986, se proyectó originalmente como centro cívico para albergar las diferentes entidades sociales del pueblo: una gran sala polivalente, una ludoteca y un bar.

Este proyecto fue muy controvertido en su momento ya que los vecinos lo consideraron excesivo para una población tan pequeña. El descontento popular llegó a provocar un relevo político en la alcaldía y el edificio acabó inaugurándose como nueva sede del Ayuntamiento.

Civic Centre of Hostalets de Balenyà

Barcelona (Spain) 1986-1992

The building of the Town Hall of Hostalets de Balenyà, - a town near Vic -, designed by Miralles and Pinós in 1986, was originally planned as a civic centre to house the town's different social organisations: a large multipurpose room, a children's games area and a bar.

This project was originally very controversial since the neighbours thought it was too much for such a small town. Popular discontent led to a political changeover in the town council and the building was eventually opened as the new Town Hall.

Agradi o no agradi, aquesta *obra polèmica*, com la titulava el núm. 115 d'*El Tots per a tots*, la tenim aquí i de moment ja serveix, encara que no sigui gaire pràctica ni funcional, i encara que molts pensem que al seu lloc i amb menys diners públics s'hauria pogut fer una altra construcció menys innovadora, però més útil i acollidora per a altres necessitats culturals i d'esbarjo, com servia l'antic edifici que hi havia abans.

Whether we like it or not, this controversial work (...) is here to stay and for the moment it exists, even if it is not very practical or functional, and even although many think that less public money could have been spent to build a less innovative, albeit more useful and homelier, building, put to other cultural and recreational needs, like the old building we used to have.

MAS I BIGAS, Antoni. *L'edifici de la Pista: 50 anys d'història.* Ajuntament de Balenyà (Barcelona), 1996, p.5.

Uno se imagina a aquellos que critican el derroche de dinero utilizado para construir el edificio, recortando con unas tijeras mentales todos aquellos volúmenes innecesarios, aquellas superficies de vidrio que al no ser rectangulares han resultado más caras. Al recortar supeficies de hormigón, al recordar espacios que no utilizan o creen excesivos para sus necesidades, en sus cabezas no habrá cabida más que para un simple cubo. Alrededor se amontonan los kilos de hormigón, de vidrio y de espacio que consideran innecesario.

El edificio da la espalda a su entorno creando un espacio público resguardado en el interior del solar. Actualmente, unas enormes letras metálicas colocadas a posteriori en una de las fachadas indican su nueva función, intentando paliar la opacidad que causa esta estructura invertida.

One can imagine those who criticised the squandering of money used to build the town hall taking mental scissors to all the unnecessary volumes, the glass surfaces which, being non-rectangular, turned out to be more expensive. Trimming down concrete surfaces, cutting away the space they do not use or think is superfluous to their needs, until left with little more than a cube. Around them are heaps of concrete, glass, and space that they deem unnecessary.

The building turns its back on its setting, creating a sheltered public space inside the piece of ground. Huge metal letters placed on one of the facades now indicate its new function, seeking to palliate the opacity caused by this inverted structure.

AJUNTAMENT DE BALENYÀ

Desde la calle, presenta un aspecto de esquina cerrada, impresión que cambia radicalmente al observarlo desde el patio interior. La construcción, situada en la esquina del solar, tiene una planta triangular que se retranquea en altura, creando dos terrazas abiertas con excelentes vistas a una pista de básquet. Desde 1955, ésta fue un punto de encuentro en el que también se celebraban campeonatos de patinaje artístico, bailes populares o cine al aire libre. Unas rampas exteriores que parecen andamios acoplados a la construcción permiten el acceso a estas terrazas desde el patio, posibilitando su uso como gradas para cualquier acontecimiento. Desgraciadamente, en la actualidad, se han inhabilitado las rampas dado que conducen a la sala de plenos, la sede de la policía y otras dependencias municipales.

From the street it looks like a "closed corner"; an impression that changes radically when it is seen from the inside patio. The building is located on the corner of the plot of land, it has a triangular and receding ground plan, creating two open terraces with an excellent view of a basketball court. Since 1955, it had been a meeting point in which figure skating tournaments, popular dances or outdoor cinema were held. Outside ramps that look like scaffolding attached to the building provide access to these terraces from the patio, allowing them to be used as galleries or grandstands for any event. Unfortunately, at the moment the ramps are out of use, since they lead to the plenary room, the police station and other municipal facilities.

Aquellos pisos que originariamente debían ser utilizados para los juegos infantiles, se han dividido para albergar los despachos del alcalde y de la policía local. En cada una de estas estancias, que no acaban de adecuarse a su nuevo uso, los ocupantes se enfrentan a la colocación de muebles y objetos personales como quien resuelve un complejo problema geométrico. El primer piso lo ocupa, en gran parte, el archivo histórico y administrativo de Hostalets; habitaciones y pasillos donde se acumulan cientos de archivadores en un orden precario. Uno teme que el aumento del volumen de documentos y certificados acabe extendiéndose por todo el del edificio como un cáncer.

The rooms that were originally to be used for children's games have been split to house the offices of the mayor and local police. In each one of these rooms, which do not quite suit the purpose for which they had been designed, the occupants have to dodge a layout of personal objects and furniture as if they were solving a complex geometry problem. Most of the first floor is taken up by the historic and administrative archive of Hostalets; rooms and corridors where hundred of filing cabinets have accumulated in a precarious order. One fears that the volume of documents and certificates will eventually spread like a cancer throughout the building.

Parte de las dificultades al amueblar las estancias del edificio surgen de la angulosidad de algunas de sus esquinas. Sorprende comprobar cómo la decisión estructural de situar el edificio en una esquina del solar acaba desembocando en una multitud de triangulaciones más pequeñas, como una reacción en cadena. Triángulos que nacen de la unión de dos barandillas o se forman entre las puertas y las paredes. Incluso aquella ventana, la única que da a la calle, y que está a medio abrir -o cerrar-, detenida en un instante intermedio, forma un ángulo similar al modo en el que se abre- o cierra- el propio edificio.

Part of the difficulty in furnishing the rooms of the building stems from some of its angled corners. It is surprising to see how the structural decision to site the building in a corner of the plot of land led to numerous smaller triangulations, like a chain reaction. Triangles are born of the union of two handrails, or are formed between doors and walls. Even that window, the only one that looks out onto the street, and which is half-open - or closed -, halted in mid-movement, forms an angle like the way in which the building opens, or closes.

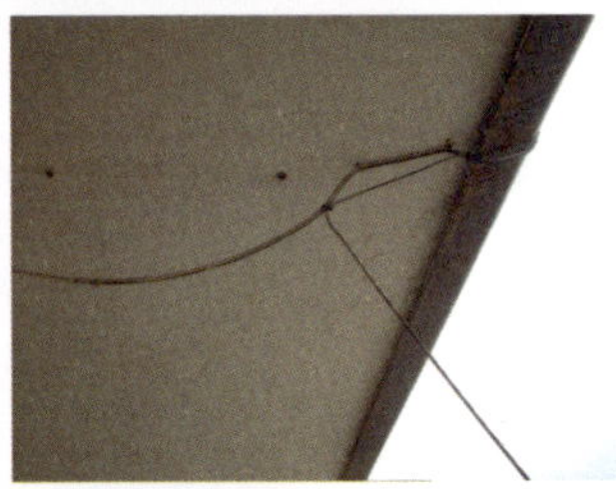

La amplia sala principal del edificio tiene una capacidad para 300 personas y una altura considerable. Debido a una acústica defectuosa y a la reticencia de la población por utilizarla, ha acabado convirtiéndose en el espacio de entrenamiento de la Asociación Local de Escalada. Pep Musac, su presidente, suele entrenar varias veces a la semana y se conoce el edificio de memoria. Sus ejercicios parecen responder, quizá de una manera un tanto exagerada, al deseo de Miralles de que todos los puntos de sus edificios sean transitables.

Es necesario perforar la pared más de diez centímetros para una colocación segura de las presas de escalada. Para no dañar el edificio, se empleó un aparato que detectara la estructura de hierro dentro del hormigón armado. De este modo, el orden y los recorridos posibles para la escalada vienen determinados por la presencia del forjado del edificio. Musac comenta lo idóneo del diseño del edificio para la práctica de la escalada: "es como un rocódromo *high-tech*".

The spacious main room of the building can hold 300 people and has quite a high ceiling. Due to its poor acoustics and the town's reluctance to use it, it has become a training space for the Local Climbing Association. Pep Musac, the chairman, trains there several times a week and knows the building like the back of his hand. His exercises seem to be driven, perhaps somewhat disproportionately, by Miralles' desire that all the points of his buildings should be usable.

Holes more than ten centimetres deep had to be drilled in the walls for the climbing crampons to be secure. In order to avoid damaging the building, an apparatus was used to detect the iron structure inside the reinforced concrete. Thus, the order and the possible climbing routes are determined by the presence of the nogging of the building. Musac explains how ideal the building is for climbing, "it is like a *high-tech* climbing wall".

Paseo Prim

Reus, Tarragona (España) 1988-2007

El proyecto del Paseo Prim de Reus aparece únicamente en una monografía publicada por la editorial *Electa* en 1996, en la que figuran imágenes del paseo construido. Me intrigó que no volviera a mencionarse en publicaciones posteriores y decidí acercarme a Reus. La visita me permitió visualizar sobre el terreno la confrontación entre dos modos de entender el urbanismo y la arquitectura. Por un lado, aquel que repite modelos anteriores y resulta fácilmente reconocible por sus usuarios; por el otro, una arquitectura innovadora que se replantea constantemente su propio sentido, la relación con su entorno y uso, una arquitectura que puede resultar extraña para los que van a habitarla.

Paseo Prim

Reus, Tarragona (Spain) 1988-2007

The project of the Paseo Prim of Reus only appears in a monograph published by Electa in 1996, which shows images of the finished promenade. I was intrigued by the fact that it is not mentioned in subsequent publications and decided to visit Reus. The visit gave me the chance to see, in the field, the confrontation between two ways of understanding urbanism and architecture. On the one hand, the type that repeats previous models and is easily recognisable by users; on the other, an innovative architecture that is constantly rethinking its very meaning, the relationship with the environment and its use, an architecture that may strike those who are going to live in it as strange.

La pequeña burguesía, al menos la de Poujade (tiendas de comestibles, carnicerías), posee el buen sentido a la manera de un apéndice físico glorioso, de un órgano particular de percepción: órgano curioso, por otra parte, ya que para ver claro con él, primero hay que cegarse, rehusarse a sobrepasar las apariencias, tomar por dinero contante las proposiciones de lo "real" y decretar inexistente todo lo que amenace con sustituir la réplica por la explicación. Su papel consiste en plantear igualdades simples entre lo que se ve y lo que es y asegurar un mundo sin articulaciones, sin transiciones y sin progresión. El buen sentido es como un perro guardián de las ecuaciones pequeñoburguesas: obtura todas las salidas dialécticas, define un mundo homogéneo, donde se está cómodo, protegido de las perturbaciones y de las fugas del "sueño" (léase, de una visión no contabilizable de las cosas).

BARTHES, Roland. *Mitologías*. 10ª ed. México D.F.: Editorial Siglo XI, 1994, p. 88.

The petite bourgeoisie, at least Monsieur Poujade's petite bourgeoisie (the butcher stall, the corner grocery), possesses good sense in its own right, in the fashion of a splendid physical appendage, a special organ of perception: a curious organ, moreover, since in order to see clearly it must first blind itself, refuse to go beyond appearances, accept as ready money the propositions of "reality", and declare anything which risks substituting an explanation for a retort to be null and void. Its role is to posit simple equalities between what is seen and what is, and to assure a world without stages, without transition, ans without progression. Good sense is the watchdog of petit-bourgeois equations: it blocks up any dialectical outlets, defines a homogeneous world in chich we are at home, sheltered from the disturbances and the leaks of "dreams" (by which we are to understand an uncountable vision of things).

El modo en el que Roland Barthes le da la vuelta a lo aparentemente natural tiene su equivalente en el modo en el que Enric Miralles reflexiona alrededor de lo natural en la arquitectura y en cómo pone en entredicho algunas convenciones arquitectónicas. Una de las consecuencias es el rechazo de los vecinos hacia algunos de sus proyectos ya que la historia de la arquitectura también depende de la capacidad de los ciudadanos de habitar un espacio inesperado, reconocerlo y reconocerse en él, de ir aceptando nuevas formas de construir y utilizar un lugar. Si eso no sucede, pueden llegar a pensar simplemente que una obra es demasiado costosa e innecesaria y borrar de un plumazo todo un proyecto y sus intenciones.

The way in which Roland Barthes turns that which is apparently natural on its side is mirrored in the way that Enric Miralles reflects upon things natural in architecture and how he questions certain architectural conventions. One of the consequences is the residents' rejection of some of his projects, since the history of architecture also depends on the citizens' ability to inhabit an unexpected space, acknowledge it and acknowledge themselves in it; to accept new ways of building and of using a place. If this does not occur, they may simply think that a project is too costly and unnecessary and wipe out a whole project and its intentions in one foul swoop.

En 1988, el Ayuntamiento de Reus encarga a Miralles y Pinós un proyecto para urbanizar el Paseo Prim. Este paseo se extiende a lo largo de varios kilómetros bordeando el centro de la ciudad. En el momento del encargo se empleaba como aparcamiento. Un año después, los arquitectos presentan su propuesta para un tramo del paseo. Su objetivo es proteger y aislar el paseo de su entorno. Para ello, proponen la plantación de arbustos en los laterales del paseo, así como la de varios árboles en el centro y en la calzada, dotándolo de unas paredes y un techo vegetal que le otorgan un carácter de espacio cerrado. Esta cualidad se completará con la disposición de una serie de elementos diseñados específicamente para el lugar: farolas, bancos, líneas de pavimento de madera (que marcarán las distancias más cortas entre diferentes puntos del recorrido) o la colocación de un par de bares al aire libre. El orden de estos elementos sigue una lógica de interior de habitación: los bancos forman pequeños espacios cerrados con la ayuda de los arbustos, los bares al aire libre y algunos árboles ocupan el espacio central del paseo rompiendo su lógica lineal. Estas actuaciones generan un espacio denso y acogedor que sumadas a un suelo de gravilla confieren al paseo un aspecto de camino forestal.

In 1988, the City Council of Reus commissioned Miralles and Pinós with a project to urbanise the Paseo Prim. This promenade is several kilometres long and skirts the centre of the city. At the time of the commission it was being used as a car park. One year later, the architects submitted their proposal for one section of the promenade. Their objective was to protect and isolate the promenade from its environment. For this purpose, they proposed plantations of bushes along the sides of the promenade, as well as several trees in the middle and on the road side, affording it walls and a vegetal covering that would turn it into a closed space. This charactristic would be complemented by a series of elements designed specifically for the site: streetlamps, benches, lines of wooden paving (which would mark the shortest distances between different points on the route) or a couple of open-air bars. The layout of these elements had the logic of the inside of a room: the benches formed small closed spaces with the help of the bushes, the outdoor bars and some trees occupied the main area of the promenade, thus breaking its linear logic. These actions generated a dense and homely space which, accompanied by a gravel terrain, afforded the promenade the appearance of a forest track.

HOSTAL

Un año después de su presentación, el proyecto es aprobado por el Ayuntamiento y se adjudican las obras a pesar de la oposición de los vecinos, que no aceptan asumir el coste de la mitad de las obras mediante contribuciones especiales. A partir de entonces, se centran en poner en duda el proyecto de los arquitectos denunciando su coste y aparatosidad. A las primeras críticas, Miralles y Pinós responden:

One year after it was submitted the project was approved by the City Council and a call for tenders was issued and awarded despite the townsfolk's opposition, who refused to take on the cost of half of the work through special contributions. As of then, they focused on detracting from the architects' project, complaining about its cost and showiness. Miralles and Pinós responded to the initial criticism:

> Creemos que los lugares singulares de una ciudad, paseos, ramblas, etc. son los que distinguen una ciudad de otra, y si no sabemos, como arquitectos, interpretar la tradición y carácter de estos puntos, seremos los responsables de que todas las ciudades se nos igualen convirtiéndolas en lugares simplemente útiles, sin ninguna personalidad.

MIRALLES, Enric; PINÓS, Carme. Informe inédito. Archivo Administrativo de Reus.

> We believe that the singular places of a city, its promenades, walkways, etc., set it apart from others, and if we as architects are unable to interpret the tradition and character of these points, then we will be responsible for all cities becoming identical, making them simply useful places, devoid of personality.

A medida que avanza el proyecto, se evidencia un cortocircuito lingüístico entre dos niveles de conversación paralelos. Unos barajan conceptos simbólicos como la idea de laberinto o la densidad narrativa del espacio, mientras otros responden con argumentos económicos y prácticos. En realidad, el trasfondo de esta discusión es la necesidad o no de crear una arquitectura específica para el lugar que lo identifique y represente. Los vecinos no ven necesario este esfuerzo, y menos siendo ellos quienes deberán sufragarlo. Finalmente, el proyecto desencadena un efecto contrario al de su planteamiento inicial: en lugar de acoplarse al contexto, es rechazado por éste de un modo tan radical que acaba generando una conciencia colectiva que cristaliza en la creación de una asociación centrada en destruir el proyecto.

Las obras del paseo se alargan de 1991 a 1993 debido al constante sabotaje de los vecinos. Los contratiempos y demoras acaban con la suspensión de pagos de la empresa constructora. Tras el cese de las obras, el paseo se convierte en un campo de batalla en el que la supresión de cada uno de los elementos que lo componen pasa a considerarse una victoria sobre el consistorio municipal. El hecho de pagar una parte importante de las obras provoca la constante vigilancia de los vecinos respecto a la calidad, utilidad y coste de cada elemento del mobiliario urbano.

As the project went on, a linguistic short-circuit between two levels of parallel conversation became evident. Some addressed symbolic concepts such as the idea of a maze or narrative density of the space, while others wielded economic and practical arguments. In reality, the quid of the matter was whether or not there was a need to create a specific architecture for the place, one that identified and represented it. The townsfolk did not see the need for the effort, and even less so when they had to foot the bill. Finally, the project triggered an effect that was contrary to its initial idea, as instead of fitting into the context it was so radically rejected by the latter that it eventually generated a collective awareness that crystallised in the creation of an association bent on destroying it.

Work on the promenade was protracted from 1991 until 1993 due to constant sabotage by the neighbours. The setbacks and delays caused the building company to go into temporary receivership. Once work was halted, the promenade became a battlefield in which the destruction of any part of it was hailed as a victory over the city council. Paying a major part of the work led the residents to constantly control the quality, usefulness and cost of every element of urban fixtures.

Diari de Tarragona
Dissabte, 2 de març de 2002

Pérez elude el debate sobre la reforma del tramo inferior del paseo Prim

La moción del PP al respecto se aprueba a costa de perder su concreción

El debate político sobre el futuro del tramo inferior del paseo Prim quedó abortado al alcanzarse un pacto en la junta de portavoces previa al pleno municipal. El PP, que presentaba la moción, aceptó el cambio de toda la parte dispositiva, con lo que el texto quedó en términos suficientemente genéricos como para que todos los partidos pudieran votar a favor.

Rafel Villa/Reus
rvilla@diaridetarragona.com

El área municipal de Urbanisme es partidaria de mantener parte de los elementos del paseo. J.C. LEON/DT

Con el redactado final, la moción presentada por el PP se limitaba a indicar que se realizaría la reforma de este tramo del paseo según las líneas acordadas previamente. El portavoz del Partido Popular, Miquel Àngel López Mallol, interpreta que de esta forma el equipo de gobierno se compromete a realizar la prolongación de la estética de los tramos superiores del paseo Prim, «tal como todos los candidatos dijeron durante la campaña electoral».

El alcalde, Lluís Miquel Pérez, interpretaba en cambio que no había ningún compromiso al respecto y siguió eludiendo una concreción sobre qué estética debe seguir el tramo inferior del paseo. Pérez recordó una vez más que «en el futuro se hablará mucho de Enric Miralles», el arquitecto fallecido el año pasado y que diseñó la reforma del mismo. De esta forma se refería a las opiniones favorables a mantener como mínimo parte de los elementos ideados por Miralles para este tramo del paseo.

Por otra parte, el alcalde recordó que son muchos los factores actualmente en marcha que puede influir en la configuración final del paseo, como son el aparcamiento que debe construirse en la plaza de la Pastoreta, la decisión de prolongar los paseos a lo largo de la avenida de la Salle y el concurso de ideas para crear un itinerario gaudiniano que incluya la Pastoreta. Ante esta multiplicidad de factores, Pérez cree mejor no tomar ahora una decisión a la ligera, por lo que está claro que el tema queda para el próximo mandato.

El despliegue de los Mossos

El pleno aprobó ayer por unanimidad la moción que recoge las reivindicaciones de los vecinos y comerciantes que organizaron la pasada semana una masiva manifestación. Ahora, como señaló el alcalde, es la hora de los políticos. En este sentido, puso de relieve la reciente creación de una comisión parlamentaria encaminada a conseguir que el despliegue de los Mossos d'Esquadra se haga en el Camp de Tarragona al mismo tiempo que en la zona metropolitana de Barcelona, lo que significaría adelantar hasta el 2005 una medida que no se prevé de momento hasta el 2008. Pérez remarcó también la puesta en marcha de las patrullas mixtas de Policía Nacional y Guàrdia Urbana como muestra de la «buena predisposición» del subdelegado del Gobierno.

Paulatinamente, el paseo sufre un desmantelamiento progresivo que va desvirtuando el sentido de la propuesta inicial.

A principios de verano de 2004, regreso a Reus con el fin de observar el estado del paseo y contacto con el presidente de la asociación de vecinos, Ramón Peña, que acepta explicarme sus críticas al proyecto. Ambos identificamos las huellas de aquellos elementos ya desaparecidos mientras detalla el coste económico de cada uno de ellos y sus problemáticas: pavimentos de madera resbaladizos en días lluviosos, incomodidad de los bancos, árboles situados en mitad de la calzada que provocan molestias a los transeúntes, etc. En su opinión, es ilógico que quieran hacer pagar a los vecinos unas farolas que valen 400.000 pesetas la unidad cuando harían la misma función farolas de serie que valen 20.000 pesetas. Ante el planteamiento poco convencional del paseo, Peña despliega la lógica del sentido común con argumentos que corresponden a la idea tradicional de "paseo". Tras despedirnos, observo cómo se aleja por el lugar cuya disolución se ha convertido en uno de sus objetivos vitales.

The promenade was gradually and progressively dismantled, and the meaning of the initial proposal distorted.

At the beginning of the summer of 2004, I returned to Reus to check out the promenade and contact the chairman of the Residents' Association, Ramón Peña, who agreed to explain his criticism of the project to me. Both of us identified traces of the elements that had already disappeared, while he detailed the economic cost of each one of them and their problems: wooden flooring which became slippery on rainy days, uncomfortable benches, trees located in the middle of walkways disturbing passers-by, etc. In his opinion, it was illogical that the locals should have to pay lamp-posts costing 400,000 pesetas each when normal ones costing 20,000 pesetas could fulfil the same function. Regarding the somewhat unconventional nature of the promenade, Peña resorted to the logic of common sense with arguments extolling the traditional idea of "promenade" or walkway. On parting, I watch him walk away along a site whose eradication has become one of his main goals in life.

Gaspolina
BUÑOLERIA
BUNYOLERIA
La Gaspolina

Prosigo mi camino en solitario. Por un lado, la plantación de árboles en los laterales y en el centro del paseo crea una bóveda vegetal reforzada por el diseño de las farolas camufladas entre ellos. Los arbustos y los bancos, que ya no son los originales, dialogan entre sí creando pequeñas zonas cerradas, rincones idóneos para conversar tranquilamente. Todos estos elementos acaban generando un espacio acogedor de distancias cortas. El suelo está surcado por una multitud de rastros de elementos que se han ido retirando. Son las huellas de un combate entre diferentes modos de entender la arquitectura que evidencian quién ha sido el vencedor. Aunque el aspecto actual del paseo es bastante desolador, todavía se adivinan las intenciones del proyecto original. A partir de los restos trato de intuir los volúmenes desaparecidos.

I walk on alone. On the one hand, the trees planted along the sides and in the middle of the promenade spawn a vegetal dome, reinforced by the design of the camouflaged streetlamps among them. The bushes and benches, no longer the originals, converse with each other, setting up little closed-off spaces, ideal nooks for a quiet chat. All these elements generate a homely space comprised of short stretches. The ground is lined by grooves that denote traces of things that have gradually been withdrawn. They are the telltale signs of a struggle between different ways of understanding architecture, and also show us who was victorious. Although the promenade now looks rather bleak, the intentions of the original project are still visible. I try to imagine what is missing from the remains.

Posteriormente, rastreo sin éxito el descampado cercano a la zona deportiva de Reus donde se supone que fueron depositados los elementos retirados del paseo. Llamo por teléfono al jefe de servicio del depósito municipal preguntando si todavía se conserva en algún almacén municipal el mobiliario urbano diseñado por Miralles y Pinós. Me responde que fueron al desguace y que los materiales se aprovecharon para construir mobiliario nuevo. Resulta extraño buscar los restos del paseo por la ciudad, actualmente transformados en otra cosa. Un año después de mi primera visita al paseo, el Ayuntamiento propone un plan de reforma en el que el único elemento original que subsistirá serán las farolas. Dicho plan se llevará a cabo durante la segunda mitad de 2006, debido a la proximidad de las elecciones municipales.

I subsequently and unsuccessfully explore the area of open land near the sports area of Reus where the elements removed from the promenade are supposed to lie. I call the Head of the Municipal Depot, asking if the urban fixtures designed by Miralles and Pinós are still stored in any municipal warehouse. I am told that they were scrapped, and that the materials were used to build new fixtures. It is strange to wander round the city in search of the remains, now transformed into other things. One year after my first visit to the promenade, the City Council proposed a reform plan in which the only original element left would be the streetlamps. This plan was to be implemented during the second half of 2006, due to the proximity of the local elections.

En junio de 2007, casi tres años después de mi primera visita, regreso a Reus para examinar la evolución del conflicto. Compruebo que efectivamente se ha producido la sustitución total del proyecto original exceptuando las farolas y las alcantarillas. Se han eliminado las jardineras originales y los árboles que crecían en medio del paseo, el pavimento original ha sido remplazado por baldosas de granito rosado (las mismas utilizadas posteriormente en otros tramos del paseo). Estas transformaciones confieren al espacio un carácter de "paseo-autopista", ajustándose al deseo de los vecinos.

Si el antiguo pavimento dejaba entrever los rastros de aquel combate arquitectónico, la reforma final parece exhibir las farolas como si fueran una especie de trofeos de caza, situándolas incómodamente en un contexto adverso. En su nuevo entorno, las alcantarillas originales parecen también fósiles de una etapa anterior.

In June 2007, almost three years after my first visit, I return to Reus to examine the evolution of the conflict. I see that the original project has indeed been totally replaced, barring the streetlamps and drains. The original plant boxes and trees that grew in the middle of the walkway have been removed and the original paving has been replaced with pinkish granite tiles (the same as those subsequently used in other sections of the promenade). These transformations now afford the space a "motorway-promenade" appearance, just as the residents had wanted.

If the old paving provided us with a glimpse of the remains of that architectural struggle, the final restoration seems to show off the streetlamps as if they were hunting trophies, locating them uncomfortably in an adverse context. In their new setting, the original drains are like fossils from a previous period.

Escuela Hogar de Morella

Castellón (España) 1986-1994

El edificio de la Escuela Hogar de Morella proyectado por Miralles y Pinós en 1988 y finalizado en 1994 se encuentra a las afueras de la población, en la ladera opuesta de la montaña donde se asienta el pueblo, casi como un doble del trazado urbano. El acceso a la Escuela Hogar está ubicado en la parte superior del edificio, por lo que desde el nivel de la calle únicamente se aprecia una pequeña entrada (el edificio se halla escondido por debajo). La construcción sigue escalonadamente el perfil de la montaña, con el fin de facilitar la entrada de luz a todas las estancias.

Se accede al recinto por una rampa que parece erigida sobre el vacío. Este primer descenso anticipa la sensación de vértigo y suspensión que nos acompañará durante nuestro recorrido. En el interior del edificio este efecto se acentúa por la constante presencia del paisaje y otros elementos que, como la escalera, están anclados a la pared sin llegar a tocar el suelo.

Al final de la rampa, una gran valla nos abre paso, inutilizada bajo el peso de unas bicicletas que se apoyan en ella y entre las cuales parece deshacerse.

Morella Home-School

Castellón (Spain) 1986-1994

The building of the Escuela Hogar de Morella, designed by Miralles and Pinós in 1988, and completed in 1994, lies on the outskirts of the town, on the opposite site of the mountain where the town lies, almost like a duplicate of the urban fabric. The access to the Escuela Hogar is located at the top of the building, whereby the only thing visible from the street is a small entrance, since the building is hidden below it. The building follows the staggered profile of the mountain to help light enter all the rooms.

The premises are accessed by a ramp that seems to have been built over a void. This first descent foretells the sensation of vertigo and suspension that will remain with us throughout our route. Inside the building this effect is accentuated by the constant presence of the landscape and other elements which - like the stairs - are anchored to the wall without touching the ground.

At the end of the ramp, a large fence opens up the way under the weight of bicycles resting on it and between which it seems to dissolve.

Tras haberla observado desde fuera, al entrar en la escuela aprecio cómo los motivos constructivos de la cara externa se repiten en el interior. Las láminas de hormigón pautan el edificio: mientras en el exterior son *brise-soleil,* dentro se utilizan para marcar transiciones y diferenciar espacios. Da la sensación de que la escuela es reversible, que se le podría dar la vuelta como a un calcetín sin que se resintiera por ello.

On entering the school, and having seen it from the outside, I see how the building motifs of the outer side are repeated on the inside. The concrete panels mark the building: whereas on the outside they are *brise-soleil,* inside they are used to mark transitions and distinguish between spaces. It gives the sensation that the school is reversible, that it could be turned inside out without being any the worse for it.

Al hablar sobre el Colegio de Arquitectos de Valencia - un proyecto no construido -, Miralles explica cómo la coincidencia entre la forma externa e interna hace dudar de la existencia real de un volumen interno del proyecto. En la escuela de Morella, uno tiene precisamente esa impresión. En algunos lugares, los grandes ventanales parecen extender la superficie de la construcción más allá de su propio volumen.

On talking about the Official College of Architects of Valencia - a project which has not yet been built -, Miralles explained how the coincidence between outer and inner form leads us to doubt the actual existence of an internal volume of the project. One has precisely this impression in the School of Morella. In some places, large bay windows seem to spread the building's surface beyond its own volume.

La naturaleza parece haberse apuntado a este juego de reversibilidad tratando de insertarse dentro del edificio y provocando constantes empujes y agresiones ambientales que la construcción sufre sin saber muy bien cómo adaptarse a ellos. Situada en plena montaña, en una zona de temperaturas extremas, la escuela debe soportar pequeñas infiltraciones, sabotajes microscópicos de la nieve y el agua que se acumulan en los techos y quiebran las baldosas que los cubren al inserirse por las juntas, dañando el sistema eléctrico y las paredes. Los profesores han colocado periódicos y trozos de papel de plata para mantener provisionalmente la situación bajo control. Los cristales de las ventanas son excesivamente grandes para los marcos de madera que van cediendo por el peso a medida que la lluvia los va pudriendo. Estas pequeñas tensiones dotan al edificio de cierta cualidad biológica. Se trata de un lento y silencioso combate entre el edificio y su entorno prácticamente imperceptible para el visitante.

Nature seems to have signed up for this game of reversibility by trying to slip into the building, constantly jostling and attacking it, which the building puts up with, without seeming to know how to adapt to it all. Located right on the mountain, in an area of extreme temperatures, the school has fallen foul of minor seepage, the microscopic sabotage of the snow and water which build up above the ceilings and crack the tiles that cover them, seeping into the joints, damaging the electricity system and the walls. The teachers avail themselves of newspapers and silver paper to keep the situation provisionally under control. The window panes are too big for the wooden frames, which give way under the weight as the rain water gradually rots them. These minor tensions afford the building a certain biological quality. It is a slow and silent struggle between the building and its environment which the visitor will barely notice.

El interior laberíntico parece pivotar entre una escala adulta y otra infantil, creando recovecos y esquinas que los pequeños pueden utilizar para sus juegos y los mayores intentan acotar mediante la colocación de plantas y macetas.

Al descubrir que estoy estudiando el edificio, algunos de los trabajadores de la escuela me abordan para detallarme los defectos en el diseño de algunos elementos, como si yo fuera en parte culpable de los mismos. Una cocinera me conduce a la cocina para mostrarme que carece de ventanas al exterior. Justo al lado, se encuentra la lavandería. Al interesarme por la forma ondulante de un saliente de hormigón, me explica que tuvieron que serrarlo para entrar una lavadora de grandes dimensiones que no cabía por ningún otro sitio.

The maze-like inside seems to pivot between an adult and infantile scale, creating nooks and crannies where the children can play and which the adults try to mark out with plants and plant pots.

On learning that I am studying the building, some of the school workers make the most of my presence to fill me in on the design defects of some elements, as if I were partly to blame. A cook takes me to the kitchen to show me that it has no windows. The washing room is next door. As I take an interest in the wavy form of a concrete overhang, I am told that they had to whittle it down with a saw in order to bring in a large washing machine that could not be entered elsewhere.

El bloque de los dormitorios, situado junto a la entrada y diferenciado de la escuela, sirve de vivienda para los niños que vienen de los pueblos más aislados del entorno. Es un espacio de dimensiones muy cuidadas, sin el carácter laberíntico de la escuela. Parece que en este caso los arquitectos no han querido "jugar" con los niños, repitiendo el mismo módulo en zigzag de forma descendente, adaptándose a la inclinación de la montaña. Las diferentes plantas están conectadas entre sí por una corta escalera, sin esfuerzo. En el pasillo, una silla diseñada por los arquitectos persigue la misma idea, realizada con planchas de madera de pino ensambladas. Cada pieza es independiente, sin estar forzada a permanecer ahí por un clavo o un remache de acero. A su lado, una silla normal muestra su aparatosidad, como si acabara de salir de un quirófano, repleta de tornillos.

The dormitory building, located next to the entrance, and separate from the school, is used as accommodation for the children that come from the more isolated areas of the surrounds. It is a space with very exact dimensions and is not maze-like, as the school is. It seems that in this case the architects did not want to "play about" with the children, repeating the same downward zig-zag module, adapted to the mountain's slant. The different floors are connected by a short and easy staircase. In the corridor, a chair designed by the architects pursues the same idea, made of assembled pinewood planks; every part is independent, there are no nails or rivets. By its side, a normal chair looks bulky, as if it had just come out of an operating theatre, full of screws.

Cinco años después de mi primera visita, el edificio ha cambiado. Al igual que la nave Argo, sucesivas reformas han ido reemplazando elementos del edificio, como las placas del techo y el patio, en un intento titánico de conservar intacto algo que va sufriendo los embates del tiempo. Algunos de estos elementos no tienen recambio posible y, como en el caso de la valla de acceso, aguardan lejos de su posición original esperando una restitución o el abandono definitivo. La verja cedió un mediodía ventoso de 2008, afortunadamente después de que los niños se hubieran marchado a comer. Los bomberos la retiraron con una grúa, trasladándola al depósito municipal, donde ahora reposa un tanto abollada bajo otros desperdicios, sepultada bajo el hormigón del aparcamiento vecino.

Five years on from my first visit, the building has changed. Like the sea vessel Argos, different refurbishing work has gradually replaced elements of the building, such as the panels of the roof and the yard, in a titanic attempt to keep something submitted to the attacks of time intact. Some of these elements cannot be changed and, like the access fence, far from their original position, they await replacement or definitive abandonment. The fence collapsed on a windy afternoon in 2008, fortunately while the children were at lunch. The firemen removed it with a crane and carted it off to the municipal depot, where it now lies, rather dented under other waste, buried under the concrete of the nearby car park.

Instalaciones para el tiro con arco en el Parque Olímpico de la Vall d'Hebron

Barcelona (España) 1989-1992

Las instalaciones para el tiro con arco fueron proyectadas y construidas en un tiempo récord para los Juegos Olímpicos de 1992. Reúnen dos zonas diferenciadas: la de competición y la de entrenamiento, separadas por una calle. Se encuentran agazapadas en un desnivel del terreno, en una zona urbanísticamente desordenada, donde los distintos polos de atracción (el Hospital Vall d'Hebron, el mercado, etc.) funcionan de modo independiente, fracturados por el paso de la Ronda de Dalt.

Archery facilities in the Olympic Park of Vall d'Hebron

Barcelona (Spain) 1989-1992

The Archery Field was planned and built in record time for the 1992 Olympic Games. It features two separate areas: the competition and training fields, separated by a street. It is hidden on an off-level of the terrain, in a rather messy area In planning terms, where the different poles of attraction (the Hospital of la Vall d'Hebrón, the market, etc.) operate independently, split by the Ronda de Dalt ring road.

Unos módulos de hormigón prefabricados, colocados de un modo aparentemente desordenado, forman la zona de competición. A pesar de ser idénticos, algunos ocultan espacios interiores mientras que otros funcionan únicamente como muros de contención, creando cierta confusión.

El conjunto parece el reflejo del barrio del Carmelo, situado frente a él, como si el arquitecto hubiera querido actuar sin llamar demasiado la atención, hacer su trabajo casi a escondidas. Su estrategia ha sido colocar un espejo inclinado. De este modo, las aperturas triangulares de las placas de hormigón parecen simular las ventanas de los edificios circundantes, como si fueran maquetas. Pero son unas maquetas distorsionadas, que con el paso del tiempo se han ido deteriorando y en vez de acoplarse al entorno y reflejarlo han acabado convirtiéndose en una especie de anunciación de un futuro apocalíptico. En lugar de ignorar el barrio, Miralles opta por darle protagonismo, incluyéndolo en el proyecto y manteniendo la relación de símil. Esta idea de doble no idéntico o de reflejo inexacto contribuye a redimir un contexto banal.

Pre-manufactured concrete modules, distributed in apparently haphazard fashion, configure the competition area. Although they are identical, some of them conceal inner spaces, while the others function only as containment walls, creating certain confusion.

The whole ensemble seems to mirror the district of Carmelo, standing opposite it, as if the architect had thus sought to avoid attracting too much attention, doing his work almost furtively. The strategy he used was a tilted mirror. In this way, the triangular openings of the concrete panels seem to simulate the windows of the surrounding buildings, as if they were models. But they are distorted models, which have deteriorated with the passage of time, and instead of becoming one with the environment and reflecting it have become a kind of announcement of an apocalyptic future. Instead of ignoring the neighbourhood, Miralles chose to give it greater prominence, integrating it in the project and maintaining the simile relationship. This idea of a non-identical double or inexact reflection helps to redeem a banal setting.

Situada sobre el edificio, se encuentra una pérgola que durante los Juegos Olímpicos servía para proteger al público del sol. Actualmente, las malas hierbas la han invadido. Me viene a la memoria la imagen de una locomotora medio oculta bajo la vegetación salvaje que apareció en la revista *Minotauro* y me parece estar asistiendo a una reedición del permanente combate entre modernidad y abandono, que en este caso llega a poner en peligro la estabilidad y conservación de la construcción. Y es que una de las cosas que el arquitecto no puede prever es el momento preciso en el que sus edificios entrarán en decadencia.

Located on the building there is a pergola which served to protect spectators from the sun during the Olympic Games. It is now overgrown with weeds. The image of a locomotive half-hidden in wild vegetation that was published in the *Minotauro* magazine comes to mind, and it is as if I were attending a rematch of the perennial combat between modernity and abandonment, which in this case actually jeopardises the stability and state of repair of the building. The fact is that one of the things that architects cannot predict is the precise moment that their buildings will begin to fall into decay.

Fotógrafo desconocido, S/T. "La Nature dévore le progrès et le dépasse". *Minotaure* nº10, p.20. París: Skira, 1937.

Como en los proyectos de renovación del local de La Mina o del Passeig Prim, el tiempo transcurre más rápido de lo deseado, amenazando también a esta construcción. Las obras para la ampliación de la línea 5 del metro que pasará justo por debajo del Campo de Tiro obligan a demolerlo temporalmente. En principio, se contempla su reconstrucción, aunque Carme Pinós tiene sus reservas al respecto, ya que el presupuesto otorgado para la obra cubre únicamente una cuarta parte del coste real.

Me precipito al lugar acompañado por Llorenç Bonet, editor de este libro. Todavía no han desaparecido las instalaciones deportivas aunque ya han empezado las obras en los alrededores. Decidimos infiltrarnos para tomar las que quizá serán las últimas fotografías del edificio, ahora ya completamente abandonado.

Cuando se sabe que un edificio va a desaparecer, se le pierde totalmente el respeto, ya no importa lo que vaya a sucederle. Por eso, no me sorprende que se realicen barbacoas en su interior que ahúman libremente las paredes, no importa que gritemos o escupamos allí, pues se ha convertido en tierra de nadie.

As occurred in the projects for the renovation of the premises of la Mina or Passeig Prim, time passes faster than we would like, and also threatens this construction. Work on the extension of the underground line 5, which will run just under the Archery Field, renders it necessary to demolish it temporarily. In principle it is expected to be rebuilt, although Carme Pinós has her misgivings, since the budget allocated covers but a quarter of the current cost.

I hurry off to the site accompanied by Llorenç Bonet, the publisher of this book. The sports facilities have not yet disappeared, although work has already begun in the surrounds. We decide to slip in to take what will perhaps be the last photographs of the building, already completely abandoned.

When it becomes known that a building is going to disappear, all respect for it is lost, and it no longer matters what fate has in store for it. It therefore comes as no surprise that barbecues are held inside it, freely smoking the walls; we can shout or spit all we want in there, as it has become a no-man's land.

Vuelvo a la zona dos meses después. El edificio ya ha sido demolido, dejando al descubierto el desnivel del terreno original. Incluso a sabiendas de lo que me esperaba, me sorprende el vacío que ha dejado la construcción. Un vacío que ejemplifica la conflictiva relación de las obras de Miralles con el tiempo. La sorprendente facilidad con la que cambian o desaparecen, como si fueran construcciones provisionales o ideas que se debilitan al ser expresadas, como si fueran de azúcar. Me acuerdo del arquitecto Josep Maria Sostres y su actitud respecto a las desapariciones o reformas de sus edificios. Para él, el hecho de que sus proyectos sufriesen cambios no era relevante pues lo verdaderamente trascendente era que se hubieran llegado a construir, superando la barrera de lo posible. Algo similar sucede con estas instalaciones de competición: en el momento de ser destruidas pervive en ellas el poder de haber sido construidas.

I return to the area two months later, the building has already been demolished, leaving the original off-level terrain exposed. Even although I knew what was to happen, the void left by the building nevertheless surprises me. A void that exemplifies the conflictive relationship between the work of Miralles and time. The surprising ease with which they change or disappear, as if they were provisional buildings or ideas that weaken once expressed, as if they were sugar. I recall the architect Josep Maria Sostres and his attitude to the disappearance or refurbishing of his buildings. As far as he was concerned, the fact that his projects were changed was not relevant, since what really mattered was that they had actually been executed, overcoming the barrier of what is possible. Something similar happens with these competition facilities: at the time of their destruction, the power of having been built persists.

Los monumentos de tochana

Mis proyectos de los años cincuenta no estaban pensados para la posteridad —había suficiente conel hecho de haberlos realizado, fotografiarlos, publicarlos y asegurar así, en aquel momento, el valor intrínseco de su existencia—. Imagino que a cualquier arquitecto con una dosis indispensable de inquietud

SOSTRES, Josep María. "Los Monumentos de Tochana". ca. 1970. En: *QUETGLAS*, José. "Sobre José María Sostres. Carta de Guillermo Sagrera". *Arquitectura Madrid*. 1986, nº 263, p. 70.

My projects of the 50s were not designed for posterity – it sufficed for me that they had been built, photographed, published, thus guaranteeing the intrinsic value of their existence at the time.

Una bandera olímpica, sucia y deshilachada señala el acceso a la zona de entrenamiento del Campo de Tiro por una escalerita bastante angosta. Actualmente es la sede del club de fútbol de la Teixonera, un lugar todavía en uso. Las antiguas instalaciones albergan hoy los vestuarios, un almacén, los despachos del club y un pequeño bar.

Formalmente se han utilizado diferentes materiales y soluciones constructivas en la zona de competición, optando aquí por el ladrillo y el zinc en vez de las placas prefabricadas de hormigón.

An Olympic flag, dirty and frayed, indicates the access to the training area of the Archery Field, up a rather narrow staircase. It is currently the head offices of the Teixonera football club, a place still in use. The installations now house the dressing rooms, a store, the club offices and a small bar.

Different formal materials and building solutions have been used in the competition area, and bricks and zinc were used here instead of prefabricated concrete panels.

Los desagües dan ritmo a la fachada de este edificio, construidos a partir de planchas rectangulares de zinc. Estas, cortadas y dobladas en un ejercicio semejante a la papiroflexia, se encuentran colocadas entre las placas de hormigón inclinadas que cubren las instalaciones, forzadas a amoldarse a la curvatura necesaria para la evacuación del agua. Son un ejemplo palpable de la tensión que se produce habitualmente en los trabajos de Miralles entre la idea y su materialización.

En estos detalles percibimos la lucha de los materiales por convertirse en otra cosa, amoldándose a la geometría ideada por el arquitecto, como si visualizáramos la emancipación de la idea misma. Cuando la idea se aplica a la realidad, se evidencian sus límites. Por ello, el "hacer" no puede desligarse del "pensar".

The drains afford the facade of this building rhythm. Built of rectangular zinc sheets, cut and folded, origami-like, they are placed between the tilted concrete panels that line the installations, forced to adapt to the curvature needed to drain the water. These drains are a palpable example of the tension that usually takes place in Miralles' work between the idea and its materialisation.

These details show how the materials fought to become something else, adapting to the geometry designed by the architect, as if we were seeing the emancipation of the very idea. When the idea is applied to reality, its limits become evident. That is why "doing" cannot be detached from "thinking".

"No hay ideas más que en las cosas". Williams Carlos Williams

CARLOS WILLIAMS, Williams. En: CURTIS, William, J.R. "Mapas mentales y paisajes sociales". *El Croquis*. 2002, nº 30-49-50. p. 8. En: Mapas Mentales y paisajes sociales. Madrid: El Croquis Editorial, 2002.

No ideas but in things

Entro en el bar que ha sido reformado en un intento de hacerlo más "acogedor". Las paredes que no estaban recubiertas de ladrillos y los pilares de hormigón han sido pintados de blanco y marrón oscuro, se ha abierto un boquete en el lucernario para evacuar los humos de una estufa de leña y se ha habilitado un pequeño espacio para colgar patas de jamón y otros embutidos.

I enter the bar, which has been reformed in an attempt to make it "cosier". The walls that were not lined with bricks and the concrete pillars have been painted white and dark brown, a hole has been made in the skylight to evacuate the fumes from a firewood heater and a small space has been assigned to hang legs of ham and other cold meats.

La barra se ha construido con madera barnizada y baldosas que imitan el mármol. Una celosía de madera prefabricada separa el bar del comedor. Poco a poco, los trofeos han ido invadiendo la estructura existente, convirtiéndola en estantería. Del mismo modo, un par de televisores ocupan un rincón, topando literalmente con el techo inclinado.

The bar counter is made of varnished wood and imitation-marble tiles. A prefabricated wooden latticework separates the bar from the dining room. Slowly but surely, trophies have invaded the existing structure, converting it into a shelf. A couple of television sets stand in a corner, literally touching the tilted roof.

Al preguntar a la camarera su opinión acerca del espacio, ésta me responde que no le parece mal, aunque quizás un poco incómodo. Lo que parece no soportar es la presencia de un pilar metálico situado justo en medio de la barra en el que: me estoy dejando la rodilla. Efectivamente, el pilar está gastado por rozaduras constantes. Es un elemento tan incómodo que parece estar allí a propósito, como una broma pesada. Pero habrá que convivir con él, aprender una técnica acrobática para sortearlo, un movimiento un tanto forzado que evite golpearse con él continuamente.

On asking a waiter's opinion of the space, she tells me that it is not bad, although maybe a little uncomfortable. What she cannot seem to stand is the metal pillar right in the middle of the counter which is *"doing for my knee"*. And indeed the pillar has been worn away by constant friction. It is so uncomfortable that it seems to have been put there on purpose, like a bad joke. But they have to live with it, get round it acrobatically, making a rather unnatural movement in order to constantly avoid it.

Junto al bar, los vestuarios también siguen en uso, intactos, exceptuando los lucernarios pintados con *spray* amarillo para evitar a los mirones. Al lado, se ha construido un pequeño cubículo que servirá de almacén. En él, uno de los pilares de la construcción original, similar al que golpea la rodilla de la camarera, se confunde con el resto del material deportivo como si se tratara de un poste de portería.

En un desnivel del terreno se erige una pérgola de cemento. Tras los Juegos Olímpicos, las diferentes asociaciones deportivas que ocupan el espacio han ido acoplando una serie de construcciones metálicas a la estructura convirtiéndola en pequeños almacenes. El proyecto arquitectónico original no parece resentirse por ello, permitiendo estos acoplamientos como un mal menor.

Next to the bar, the dressing rooms, intact, are still in use, except the skylights spray-painted yellow to deter nosey-parkers. Beside it, a small cubicle has been built for use as a store in which one the pillars of the original building, like the one that is constantly "doing for" the waitress's knee, merges with the rest of the sports material as if it were a goal post.

On an off-level of the terrain there is a cement pergola. After the Olympic Games, the different sports associations that have used the facility have added a series of metal constructions to the structure, turning it into a small store. The original architectural project does not seem to be any the worse for it, accepting these add-ons as a lesser evil.

Dos años después, en una nueva visita, los dueños del bar me explican que unos gamberros entraron por el lucernario para llevarse los jamones. Pero no hay mal que por bien no venga y aprovecharon el agujero para instalar un extractor de humos.

Two years later, during a new visit, the owners of the bar told me that some hooligans had entered through the skylight and stolen the legs of ham. But all is well that ends well, and they made the most of the hole to install an extractor hood.

Al salir de los vestuarios y observar el partido de fútbol tengo la sensación de estar recorriendo los escenarios de una actuación clausurada tiempo atrás. ¿Cómo explicarlo? Es como si el edificio disfrutara de una segunda vida. En el momento de su construcción, este edificio apareció en varias publicaciones nacionales y extranjeras como vanguardia de la arquitectura experimental y fue objeto de múltiples visitas y reportajes fotográficos. Al visitarlo, más de diez años después, uno tiene la sensación de que el edificio sólo tuvo sentido en ese momento, como si hubiera sido abandonado a su suerte y hubiera caído en manos de una serie de personas absolutamente ajenas a aquel tipo de inquietudes; personas que han tenido que apropiárselo, aprendiendo a situarse a duras penas en este escenario e interpretar una obra absolutamente distinta a aquella para la que fue concebida. No se trata de una sensación frustrante, tan sólo un poco melancólica, lejos de ser negativa, ya que en este lugar se respira más vida que en ningún otro espacio diseñado por Miralles. En las distintas ocasiones en las que lo he visitado he presenciado partidos de fútbol, almuerzos y partidas de futbolín, he visto a niños mojando a sus abuelas con mangueras, me han invitado a panceta y paella y se han ofrecido a enseñarme cada rincón del recinto con la ilusión de quien regenta un tesoro olvidado.

On exiting the dressing rooms and watching the football match I have the sensation of revisiting the scenario of something that ended some time ago. How could I explain this? It is as if the building were enjoying a second lease of life. At the time it was built, the building appeared in multiple national and international publications as the vanguard of experimental architecture, and was the object of numerous visits and illustrated reports. On revisiting it, more than ten years on, one has the sensation that the building only made sense at that time, as if it had been abandoned to its fate and had fallen into the hands of people who were totally alien to that type of concerns; people who have had to make it their own, learning to find their feet in this scenario and interpret a work which is totally different to that for which it was conceived. It is not a frustrating sensation, but melancholic, far from negative, since this place exudes more life than any other space designed by Miralles. On the different occasions that I have visited it I have watched football matches, lunches and table football matches; I have seen children hosing down their grannies; I have been invited to eat bacon and paella, they have offered to show me every last corner of the place with the enthusiasm of one who hunts a forgotten treasure.

10

Cubiertas en la Avenida Icaria

Barcelona (España) 1990-1992

La elección de los arquitectos que debían construir las viviendas de la Vila Olímpica de Barcelona se hizo contactando con aquellos que hubieran ganado un premio FAD de arquitectura. La primera selección excluyó a Miralles a pesar de que éste constaba como coautor del premio FAD de 1984 por la Plaça dels Països Catalans, obra del estudio Viaplana y Piñón. Finalmente tan solo se le encargó la construcción de unas pérgolas para la Avenida Icaria, vía principal del barrio en el que se situaban la mayoría de dichos edificios de viviendas.

El diseño de las pérgolas trata de desestabilizar el contexto, entrando en confrontación directa con los edificios de la avenida. Parec que las pérgolas sean el desagüe de sus sueños y pesadillas. Las quejas de algunos de los arquitectos responsables de las viviendas olímpicas provocaron un drástico recorte del proyecto inicial durante la ejecución de las obras, disminuyendo hasta 4 metros la altura de algunas estructuras.

Pergolas in la Avenida Icaria

Barcelona (Spain) 1990-1992

The choice of the architects that were to build the houses of the Olympic Village of Barcelona was made by hiring those who had won a FAD architecture prize. The first selection excluded Miralles, despite the fact that he had co-authored the 1984 FAD award: la Plaça dels Països Catalans, work of the Viaplana and Piñón studio. Finally, he was commissioned with building pergolas for the Avenida Icaria, the main street in a neighbourhood in which most of these blocks of houses were located.

The design of the pergolas seeks to destabilise the context, coming into direct confrontation with the buildings of the avenue. It is as if the pergolas drained away their dreams and nightmares. The complaints of some of the architects in charge of the Olympic houses prompted a drastic cutback in the initial project during the execution of the work, with the height of some structures being reduced to 4 metres.

Miralles se refiere a ellas como una procesión de cabezudos y las describe como un homenaje al pasado industrial de la zona mientras que los vecinos las ven como objetos amenazantes. En un viaje a Barcelona durante la década de los noventa, Jorge Oteiza tuvo ocasión de verlas, quedando profunda y negativamente impresionado por ellas.

No es extraña esta reacción en un escultor empeñado en desocupar el espacio. El objetivo de Miralles en este proyecto es completamente antagónico: cómo construir lo más parecido a un edificio en una avenida (sin que se note).

Miralles refers to them as a procession of *cabezudos* (carnival figures with an enormous head) and describes them as a testimonial to the industrial past of the area, while the neighbours see them as menacing objects. While on a trip to Barcelona during the nineties, Jorge Oteiza had the chance to see them, and was deeply and negatively impacted by them.

Such a reaction in a sculptor whose mission is to vacate space should come as no surprise, since Miralles' objective in this project is completely antagonistic: how to build the closest thing possible to a building in an avenue (without it being noticeable).

y de quién esa arboleda chatarra de centenares toneladas
de hierro basura para siempre y para cuántos corrupción
enriquecer de comisiones rebuznar y robar
entregada basura para siempre

OTEIZA, Jorge. *Oda Olímpica a Barcelona*. En: QUETGLAS, Josep."Oda a Barcelona". *Quaderns*. 2006, nº 251, p. 136-138.

And whose is that grove of scrap metal, hundreds of tonnes / Of iron junk forever. For how many corruption, / Braying and robbing, passing round commissions.

El proyecto puede descomponerse en varios movimientos: la formación de las parejas, los primeros pasos, las piruetas, el andante y el finale;

The project may be broken down into several movements: formation of the couples, the first steps, pirouettes, andante and *finale.*

MIRALLES, Enric. *Enric Miralles: Obras y Proyectos.* Tagliabue, Benedetta (coord.). Madrid: Electa, 1996, p. 136. Documentos de arquitectura.

Recorro las pérgolas como si caminara por una sinfonía musical que dura lo que se tarda en atravesar el paseo. Una especie de melodía ruidosa que no permite tener una visión de conjunto, del mismo modo que es imposible escuchar una canción de golpe, percibimos una sucesión de fragmentos y detalles que se van repitiendo y solapando. Es una "sinfonía metálica" que si sonara lo haría como un tumulto de instrumentos de percusión, recordando al sonido de las máquinas de las antiguas fábricas de la zona, como si pudieran ser sus ecos o cacofonías. Son como "máquinas-pérgola" cuyo funcionamiento remite al de la maquinaria ideada por Marcel Duchamp para el *Grand Verre.*

I walk along the pergolas as if strolling through a musical symphony that lasts as long as it takes to walk the promenade. A kind of noisy melody that does not let you have an overall view, just as it is impossible to listen to a song all at once, we perceive a succession of fragments and details that recur and overlap. It is a "metallic symphony" which, if it had a sound, would he like a riot of percussion instruments, recalling the sound of the machines of the old factories of the area, as if they were its echoes or cacophonies. They are like "pergola machines" which operate like the machinery thought up by Marcel Duchamp for the *Grand Verre.*

los tomamos funcionando como máquinas solteras: "Imposibles, gratuitas, delirantes...
o lo que es lo mismo, cosas -o personas- que alguien puede llevar tranquilamente a cualquier parte"...

Y sabiendo 'desde el primer momento... que el destino fatal de estas máquinas, de tan nula como admirable productividad, sea el averiarse...'

Enrique Vila Matas.
Historia Abreviada de la Literatura Portatil.

MIRALLES, Enric. *Cosas vistas a izquierda y derecha (sin gafas).* PhD thesis (UPC), 1983. vol.1 p.40.

Impossible, gratuitous, raving,... or, what is the same, things – or people - that someone may easily take anywhere... and knowing from the very beginning... that the fatal destination of these machines of such null and admirable productivity is to break down...

También podrían ser máquinas dotadas de algún tipo de mecanismo que posibilitara su movimiento, convirtiéndolas en autómatas gigantes parecidos a aquellos monstruos que en el siglo XVII eran capaces de jugar al ajedrez, predecir el futuro o incluso hablar, como la terrible *Máquina parlante* de Marcel Schwob.

Uno se imagina un edificio construido a partir de una serie de engranajes escondidos, capaz de cambiar de forma repentinamente: paredes que se transforman en techos, ventanas convertidas en pozos, etc. Autómatas habitables, que mutan cuando sus habitantes están ausentes o durmiendo, reproducirían en ellos la angustia de aquel escritor al que su madre cambiaba el orden de las cosas de su habitación e incluso la habitación misma cuando estaba en el colegio.

They may also be machines fitted with some kind of mechanism that would render their movement possible, making them giant automata similar to the monsters in the 17th Century that could play chess, predict the future or even talk, like the terrible *talking machine* of Marcel Schwob.

One imagines a building constructed from a series of hidden gears, capable of suddenly changing form: walls that transform into ceilings, windows that become wells, etc... Inhabitable automata that mutate when their inhabitants are absent or sleeping would reproduce in them the anguish of the writer whose mother changed the order of things in his room, and even the room itself when he was at school.

Sin embargo, en este proyecto, lo único que se mueve son las sombras proyectadas y el agua cuando llueve. Las pérgolas reconducen la lluvia por su estructura y la desalojan mediante infinidad de pequeños desagües creando breves columnatas líquidas.

However, in this project, the only things that move are the shadows projected and the water when it rains. The pergolas rechannel the water through their structure and evacuate it through an infinity of small drains, creating short-lived liquid colonnades.

El ojo, durante la exploración visual, barre la imagen con tres técnicas: Una oscilación lenta, saltos bruscos y veloces, y pequeñas y muy veloces vibraciones locales.

MIRALLES, Enric. "Cosas vistas a izquierda y derecha (sin gafas)". [Tesis doctoral no publicada]. Director: STEEGMANN, Enrique. UPC, Departament de Projectes Arquitectònics, Barcelona, 1987, vol.1, p. 50.

The operation of the eye which, during visual exploration, scans the image with three techniques: slow oscillation, abrupt and fast jolts, and small and very fast local vibrations. What is surprising is that the images are still...

Sede Social del Círculo de Lectores

Madrid (España) 1990-1991

El proyecto que Miralles planteó en 1990 para transformar los bajos de un edificio de viviendas en la nueva sede del Círculo de Lectores de Madrid se articula a partir del diseño del techo, como si hubiera empezado la casa por el tejado. El espacio original era bastante alto, lo que permitió realizar una serie de altillos. A través de sus variaciones, uno se va guiando por las diferentes zonas del local.

Head Offices of the Círculo de Lectores

Madrid (Spain) 1990-1991

The project that Miralles undertook in 1990 to transform the basement of a building of houses in the New Head Offices of the Círculo de Lectores of Madrid is articulated on the basis of the design of the roof, as if they had started to build the house from the roof. The original space was quite high, which rendered it possible to make a series of lofts. Its variations guide one through the different areas of the premises.

CENTRO CULTURAL
CÍRCULO DE LECTORES

El resultado de la reforma es un edificio disfrazado por dentro. Al entrar en el local, uno tiene la sensación de sumergirse bajo el agua. El vestíbulo y la sala de exposiciones evocan el piso inferior del Teatre Metropol de Jujol, cubierto de bóvedas invertidas, sostenidas mediante fajas metálicas que remiten a la superficie moviente del mar. En las primeras salas del Círculo de Lectores, el cambiante techo de madera dialoga con los pilares, cuya forma redondeada dirige a la gente hacia el interior, casi rozándoles. Paso entre ellos aguantando la respiración, como si buceara. Estos pilares, cubiertos por una segunda piel de madera y metal construida por un herrero de Banyoles a partir de unos dibujos de Soraya Smithson, remiten a la forma de las ballenas, en un homenaje velado a Moby Dick. Este recubrimiento representa una confrontación entre madera y metal en el que no se ocultan las tensiones que han sufrido ambos materiales durante su construcción. Unos pequeños televisores incrustados en las columnas, pensados para emitir en directo las conferencias que se realizarán en la sala de actos, permanecen apagados como seres prematuramente envejecidos.

The result of the restoration work is a building disguised on the inside. On entering the premises, one has the sensation of diving under water. The hall and the exhibition room evoke the ground floor of the Metropol Theatre of Jujol, covered by inverted domes, sustained by metal girdles which recall the moving surface of the sea. In the first rooms of the Círculo de Lectores, the changing wooden ceiling talks to the pillars, whose rounded form channels people inwards, almost rubbing them. In fact, I pass between them holding my breath, as if I were dying. These pillars, covered by a second layer of wood and metal built by an ironmonger from Banyoles based on drawings by Soraya Smithson, evokes the form of the whale, in veiled homage to Moby Dick. This coating represents a confrontation between wood and metal, in which the stresses to which both materials have been subjected during construction are not hidden. Some small televisions embedded in the columns, designed to broadcast the conferences held in the Meeting Room live, remain switched off, like prematurely aged beings.

Refiriéndose a este proyecto, el arquitecto remarca la idea de pasearse a través de las cosas en tanto se van transformando, y este pensamiento me acompaña al caminar entre los pilares de la entrada y la sala de exposiciones mientras el falso techo de madera se abre y se cierra sobre mi cabeza.

Unas largas y estrechas incisiones practicadas en la madera del techo dejan entrever la presencia de un espacio escondido; las luces y sombras que se escapan por estas aspilleras conectan los bajos con un altillo que no podemos ver pero sí percibir, al igual que los trabajadores que lo transitan sin ser vistos.

Referring to this project, the architect underlines the idea of moving through things as they are transformed, and this thought accompanies me as I make my way through the pillars of the entry and the exhibition room, while the false wooden ceiling opens and closes over my head.

Several long and narrow incisions made on the wood of the ceiling reveal the presence of a hidden space; the lights and shadows that escape through these holes connect the basement to a loft that we cannot see but yet perceive, like the unseen workers that ghost through it.

La transparencia de los dibujos de García Lorca nos ayudó a contarlo de un modo literario en la presentación del concurso: dedos que son peces; que
The transparency of García Lorca's drawings helped us to tell it in a literary manner at the presentation of the competition: fingers that are fishes;
son hojas; que son lágrimas; que son nubes; que son lluvia... Transparencia de transformaciones que acompañan al pensamiento. Modificar las cosas
that are leaves; that are tears; that are clouds; that are rain... Transparency of transformations accompanying thought. Modifying things so as

MIRALLES, Enric. "Sede del Círculo de Lectores". El Croquis. 2002, nº 30-49-50, p. 194. En: *Mapas Mentales y paisajes sociales.* Madrid: El Croquis Editorial, 2002.

Tras una primera expedición submarina subo una pequeña escalera situada en un lateral de la sala de exposiciones que permite el acceso a un pequeño altillo, oculto por el falso techo de madera, donde descubro un despacho y una pequeña cocina para preparar el *catering* durante las presentaciones. Al caminar por este espacio elevado, la madera del suelo cruje al ritmo de mis pasos; el ruido y la vibración me transportan al interior de un barco, ya sobre el nivel del agua, como si estuviera haciendo un recorrido íntimo resguardado dentro de un espacio más grande, al tiempo que paseo por un lugar que no parece apto para la mirada, como si me estuviera colando por detrás de un ojo. Al ser un espacio restringido al público, intento andar sigilosamente para que no me descubran, por lo que empiezo a actuar como un mimo o un ladrón de joyas. Por un momento fabulo con la idea un tanto perversa de que me están grabando con una cámara conectada a los televisores acoplados en los pilares de la entrada.

Following an initial submarine exhibition, I ascend a small staircase located to one side of the exhibition room that gives access to a little loft concealed by the false wooden ceiling where I discover an office and a mini kitchen for preparing the catering for presentations. On walking along this high space, the wood of the floor crackles to the rhythm of my steps; the noise and the vibration transport me to the inside of a boat, already on the water, as if travelling through an intimate sheltered route of a wider space, while I walk through a place that should not be looked at, as if I were slipping behind an eye. It being a no-go area for the general public, I try to walk stealthily to avoid being discovered, so I begin to act as if miming or as a jewel thief. For an instant I fantasise with the rather perverse idea that I am being recorded on a camera connected to the televisions fitted to the pillars of the entrance.

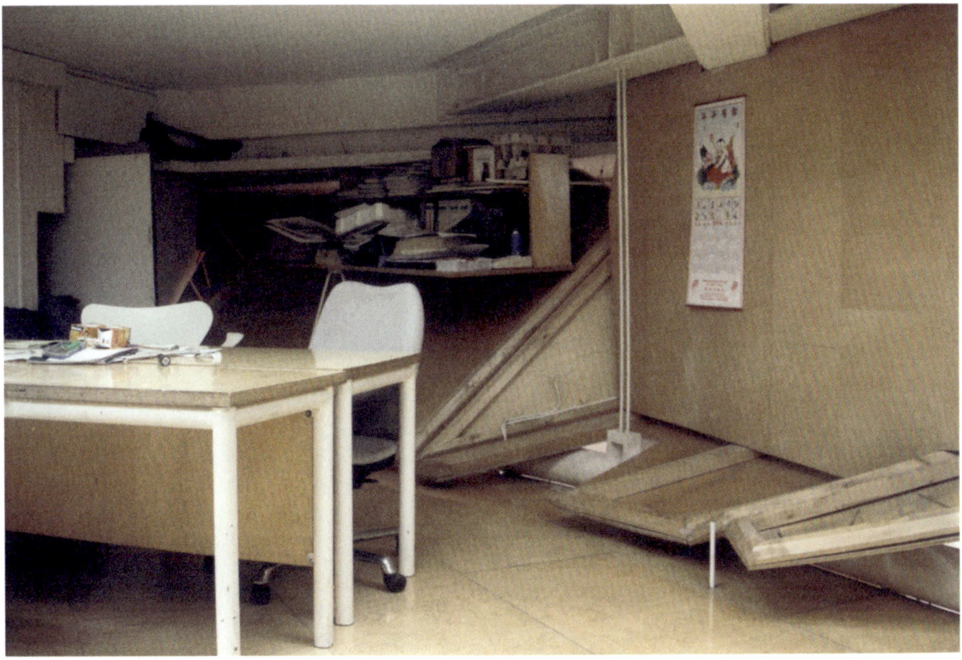

Desciendo del altillo con cara de quien busca el lavabo y atravieso la sala de exposiciones para adentrarme en el salón de actos oculto tras una gran cortina de terciopelo. Se trata de un espacio muy amplio -¿el estómago de la ballena?- donde parte del falso techo de madera ha sido sustituido por grandes lámparas que recuerdan vagamente a libros abiertos. Al acceder a este lugar me sorprende el volumen real del local en el que incluso caben unas gradas alrededor del estrado. Atravieso una pasarela que comunica con la sala del técnico de sonido, donde vuelvo a situarme tras el falso techo de madera que cubre el acceso a la sala.

I descend from the loft with the face of one who is looking for a toilet and I cross the exhibition room to enter the meeting room hid between a large velvet curtain. It is a very broad space - the whale's stomach - where part of the false wooden ceiling has been replaced by large lamps that vaguely recall open books. On accessing this place, I am surprised by the real volume of the premises, where there is even room for some spectator galleries around the speaker stand.
I traverse a corridor that leads to the sound engineer's room, where once again I get behind the false wooden ceiling that covers access to the room.

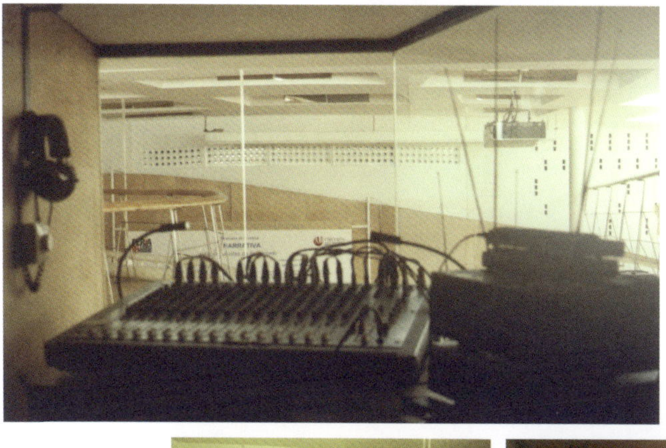

En este caso no esconde otro altillo sino el techo original del local del que se suspende mediante cables de acero. De nuevo me asalta la idea de encontrarme entre bambalinas, en un espacio más escenográfico que arquitectónico.

In this case it hides no loft, but rather the original ceiling, from which it is suspended by means of steel cables. Once again I am struck by the idea of being backstage, in a space that is more theatrical than architectural.

Acceso a la Estación de Takaoka

Toyama (Japón) 1991-1993

En 1991, Miralles diseñó la señalización del acceso sur de la estación de tren de Takaoka. Sorprende encontrar un proyecto del arquitecto en un lugar rodeado de fábricas y grandes superficies comerciales en la parte trasera de una ciudad pequeña y anodina, perdida en el norte de Japón.

Access to the Takaoka Station

Toyama (Japan) 1991-1993

In 1991, Miralles designed the signs of the south access of the Takaoka train station. It is surprising to find a project by the architect in a place surrounded by factories and large shopping centres, in a small and mundane city in the back of beyond in North Japan.

PACHINKO
TOYAMA

La estrategia para señalizar la estación consistió en crear una especie de segunda piel que prolongase la fachada original bajo la cual hay que caminar sorteando los desordenados pilares que la soportan para acceder a su interior. Es una estructura de aluminio que funciona como una transposición en el plano horizontal de las vías y actúa desde la distancia como un signo inequívoco que anuncia la ciudad. El excesivo cableado eléctrico que inunda las calles de Japón también inspiró al arquitecto para encontrar la forma que buscaba. Entre la estructura, unas letras con el nombre de la estación parecen detenidas un instante antes de irse cada una por su lado.

The strategy for the signs of the station was to create a kind of second skin that prolonged the original facade, under which you have to walk and dodge the untidy pillars that support it to access its inside. It is an aluminium structure that works as a transposition in the horizontal plane of the tracks and acts from a distance as an unmistakeable sign that is announcing the city. The glut of electrical wiring and cables that flood the streets of Japan also inspired the architect to find the form he was looking for. Between the structure, letters with the name of the station seem to have halted just one instant before each one goes their separate way.

Lo narrativo en arquitectura tiene que ver con caminar pensando en lo que ves y cómo lo que ves va desapareciendo por el rabillo del ojo, escapando al propio pensamiento. Un túnel peatonal une los dos lados de la ciudad que las vías del tren separan. Se diría que lo que une este pasaje es la realidad y la representación: los cables por un lado y la fachada de Miralles por otro; una materialización de los recorridos de la interpretación.

The narrative in architecture is related to walking and thinking about what you see and how what you see disappears out of the corner of your eye, escaping from your very thoughts. A pedestrian tunnel links both sides of the city which the railway tracks separate. It might be said that what unites this landscape is reality and representation: the cables on the one side, and Miralles' facade on the other; a materialisation of the routes of interpretation.

Palacio de Deportes

Huesca (España) 1988-1994

El Palacio de Deportes de Huesca, inaugurado en 1994, está situado al límite de la ciudad, resguardado al pie del cerro de San Jorge. Aunque el espacio es bastante amplio, los arquitectos de cidieron colocar el Palacio de Deportes en el límite del cerro y liberar el terreno restante para dotarlo de amplios accesos y construir una pista de básquet al aire libre.

Debido al desnivel del terreno, el lateral que da al cerro queda semienterrado y oculto por el bosque, mientras el otro, que da a la ciudad, se exhibe descarnado, en todo su volumen. El edificio carece de fachada, como si no se hubiese previsto su visibilidad, como si hubiera sido diseñado para estar bajo tierra o en una noche perpetua, y se hubiese escarbado a posteriori para nivelar la plaza.

Sports Palace

Huesca (Spain) 1988-1994

The Huesca Sports Palace, officially opened in 1994, is located on the city limits, safeguarded at the foot of the hill of San Jorge. Although the space is quite ample, the architects decided to site the sports place right next to the hill and thus leverage the remaining terrain to provide it with spacious accesses and to build an outdoor basketball court.

Due to the off-level of the terrain, the side that leads to the hill is half-buried and hidden by the forest, while the other, city side, can be viewed in all its magnitude and volume. The building lacks a facade, as if it had been intended not to be seen, as if designed to be underground, or draped in eternal night, as if the ground had subsequently been scratched away to level the site.

Al presentarlo a concurso, los arquitectos decidieron denominar el proyecto "Dentro y fuera", enfatizando en la imprecisión de los límites del edificio. Los grandes pilares que sostienen la gradería lateral del Palacio de Deportes resumen muy bien esta característica. Si bien algunos se encuentran en el exterior, la mayoría se asientan en la gran sala utilizada como gimnasio; a cierta altura salen al exterior del edificio para volver a entrar, atravesando la sala VIP, hasta servir de apoyo a las graderías. De hecho, esta consideración de interior o exterior es bastante difusa y sólo parece imponerse por la colocación de vidrieras que impermeabilizan las rendijas de una estructura de hormigón armado ligeramente desencajada. Ni siquiera los finos pilares que soportan las cubiertas en la entrada encuentran su lugar, inclinados e indecisos entre quedarse fuera o dentro del edificio.

On presenting their bid, the architects decided to call the project: "Inside and outside", underlining the imprecision of the building's limits. The large pillars that support the stand side of the Sports Palace summarise this characteristic very well. While some are outside, most of them stand in the large hall used as a gym; at a certain height they emerge from the building, and re-enter it, crossing the VIP room to support the grandstands. In fact, this consideration of inside or outside is quite a vague one and only seems to have been imposed by the installation of glass windows that waterproof the slits of a slightly dislocated reinforced concrete structure. Not even the slim pillars that support the roof at the entrance can find their place, tilted, as if not knowing whether to stay inside or outside the building.

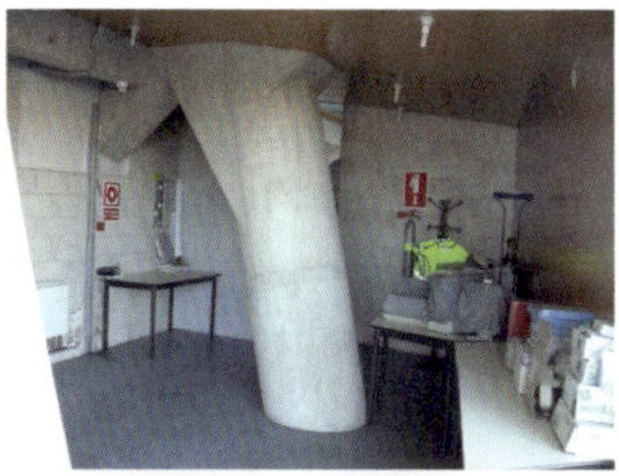

Esta incontinencia del edificio que escapa a sus propios límites conlleva una serie de sucesos inesperados que complementan la intención de los arquitectos. Ataques y contraataques entre aquellos que quieren entrar y los que intentan impedirlo. Nuevos acoplamientos, arreglos provisionales para detener esas ansias de recorrer el edificio de otro modo. Uno de ellos es la vulnerabilidad en los cerramientos de zonas del propio Palacio de Deportes que permiten el acceso al interior del edificio y a la cubierta. Para detener a aquellos que quieran colarse, se han colocado vallas metálicas. Otra de las consecuencias de esta "permeabilidad" estructural es la inundación sistemática del recinto cuando llueve, unas inundaciones que se han podido reparar con el tiempo, no sin antes llevarse por delante el parquet de la pista de básquet, que se pudrió a causa del agua.

This incontinence of the building, which escapes its own limits, entails a series of unexpected events that complement the architects' intention. Attacks and counterattacks between those what wish to enter and those who seek to prevent it. New couplings, makeshift fixes to curb this anxiety to travel through the building another way. One of them is the vulnerability in the closures of areas of the actual Sports Palace which permit access to the inside of the building and the roof. Metal fences were erected to keep anyone who would try to skip in out. Another one of the consequences of this structural permeability is the systematic flooding of the venue when it rains, floods which have been repaired with time, although not before the parquet of the basketball court had been destroyed through water-induced rotting.

1

2

GOTERAS EN LOS VESTIBULOS BAJO LA ZONA DE MARQUESINAS

3

4

JUNTA MURO LATERAL
DE SALA POLIVALENTE CON
LOSA ESCALONADA DE TECHO

5

JUNTA MURO LATERAL DE SALA
POLIVALENTE CON SOLERA

EXTERIOR

INTERIO

6

7

Al dar unas cuantas vueltas alrededor del edificio, observo cómo la disposición de los elementos estructurales del pabellón parece fruto de un amontonamiento fortuito, la estructura se asemeja a un castillo de naipes más que a un recortable, a un acoplamiento más que a una sujeción. En una esquina del exterior del edificio, en la entrega entre un muro y su cubierta, sobresale la cabeza de una viga aparentemente demasiado larga, como si los cálculos de la estructura fueran inexactos (aunque no sea así). Este jugar a cortar palitos "a ojo" es en realidad una estrategia perceptiva, calculada para generar una tectónica emocional.

As I walk round the building I see how the layout of the structural elements of the pavilion seem to have been haphazardly stacked, the structure resembles a house of cards more than a cut-out; more a coupling than a fastening. In one outside corner of the building, where a wall meets its roof, the head of an apparently over-long beam juts out, as if the calculations of the structure were inexact (although this is not so). This game of cutting up sticks "eeny-meeny miney mo" style is in actual fact a perceptive strategy, calculated to generate emotional tectonics.

Luego lo que me sorprendió ya no tiene nada que ver con lo que os cuento, pero la absoluta conciencia en Miguel Angel de todos estos problemas, del equilibrio que ya no tiene para nada que ver con la articulación, con el movimiento, sino que simplemente busca donde enredarse, donde pararse, ...Son unos dibujos magníficos, muestran el propio peso del cuerpo, que al final si esta articulación fuera una articulación, el dolor sería insoportable, por tanto esta especie como de resbalamiento ...seguramente es un momento intermedio, luego el cuerpo resbalará,...véis lo bien que sabe distingir entre las dos cosas, el que es capaz de sostener y el que simplemente busca... yo creo que los edificios son algo parecido, buscan como sea pegarse a las cosas, encontrar un equilibrio inestable, algo que les permita ya estar ahí, en este sentido por eso os traigo el material, porque justamente buscando sobre cuerpos sin vida, etc.,

MIRALLES, Enric. "Constricciones". [Transcripción de la conferencia pronunciada el 30 de noviembre de 1995 en Sevilla]. En: VVAA. *Seminario '95 hacer vivienda: acerca de la Casa 2*. Sevilla: Consejería de Obras Públicas y Transportes, Dirección General de Arquitectura y Vivienda, 1998. p. 119.

What surprised me then no longer has anything to do with what I am talking about, but the absolute awareness of Michelangelo of all these problems, of the equilibrium that has nothing to do with articulation, with movement, but rather simply looks for somewhere to become entangled, somewhere to stop, ...They are magnificent drawings, they show the very weight of the body, which if this articulation were actually an articulation, then the pain would be unbearable, whereby this kind of slip... is probably an intermediate moment, then the body will slip... you see how well he distinguishes between both things, that which is capable of sustaining and what which simply searches... I think that buildings are quite similar, they do their utmost to attach to things, like finding an unstable equilibrium, something that lets them stay there.

Pero, ¿existe realmente una tectónica emocional?, ¿una sensación de vértigo ante una estructura en equilibrio aparentemente precario? Aunque sea cierto lo que dice Zevi, el sentir que nos falta un brazo, que las paredes van a ceder tras nuestros pasos (porque ya lo han hecho antes) o notar cierta torpeza al acceder a un lugar y que esa torpeza sea la misma con la que nos desenvolvemos en otras circunstancias, nunca llegaremos a ir más allá de esas sensaciones físicas. Hay cosas que no se le pueden pedir a un edificio, a un espacio o estructura. Hay ideas que no pueden ser formas. Es imposible que un edificio supla carencias afectivas o que genere una sensación real de peligro (o de cualquier cosa). Aunque la cuestión quizá sea otra: ¿cómo puede emocionarnos algo inerte? ¿puede una forma, una medida o un espacio conmovernos? Tal vez sea una pregunta un tanto boba, puede que solo nos emocionen aquellas construcciones que relacionamos con lo humano... En todo caso, un edificio nunca conseguirá interpelarnos a un nivel más profundo, nunca querremos follarnos a un edificio, ni conversar con él, nunca nos enamoraremos de algo - que no de alguien - para siempre.

la terraza del segundo piso de Falling Water (lám. 16 y fig. 28) no es central con respecto a la del primer piso, pero un voladizo abierto y el elemento vertical de la chimenea equilibran las masas. Si así no fuese, experimentaríamos molestia física, dicen los fisiopsicólogos, como si nos faltara algo, como si estuviésemos nosotros mismos inclinados hacia un lado, como si tuviésemos un brazo amputado; en otras palabras, la amputación del equilibrio de un edificio provocaría, por simpatía simbólica, una sensación de amputación, en nuestro cuerpo;

ZEVI, Bruno. *Saber ver la arquitectura*. 5a ed. Buenos Aires: Apóstrofe, 1971, p.134 -135.

But do emotional tectonics really exist, a sensation of vertigo in the face of a structure in apparently precarious equilibrium? Although what Zevi says is true, the feeling that we are missing an arm, that the walls are going to give way before us (because they have done so before), or note a certain awkwardness in the access to a place and that this awkwardness is the same as the one with which we get by in other circumstances, we will never manage to go beyond these physical sensations. There are some things that cannot be asked of a building, a space or a structure. There are ideas that cannot be forms. A building cannot make up for lack of affection or generate a real sensation of danger (or of anything). Although perhaps the question is different: how can something inert move us? Can a form, a measurement or a space move us? Perhaps the question is rather silly, perhaps we can only be moved by constructions that we relate to something human... In any case, a building can never address us on a deeper level: We would never want to screw a building, or talk to it, we will never fall in love with something - not someone - for ever.

the second-story terrace of Falling Water Is not centered with respect to that of the first story, but the open canopy and the vertical line of the chimney balance its mass. If this were not so, the psychologists maintain, we should feel physically troubled, as if something were missing, as if we were listing to one side, as if we had an arm amputated; in other words, the want of balance in a building would cause, by symbolic sympathy, a feeling of amputation in our own bodies.

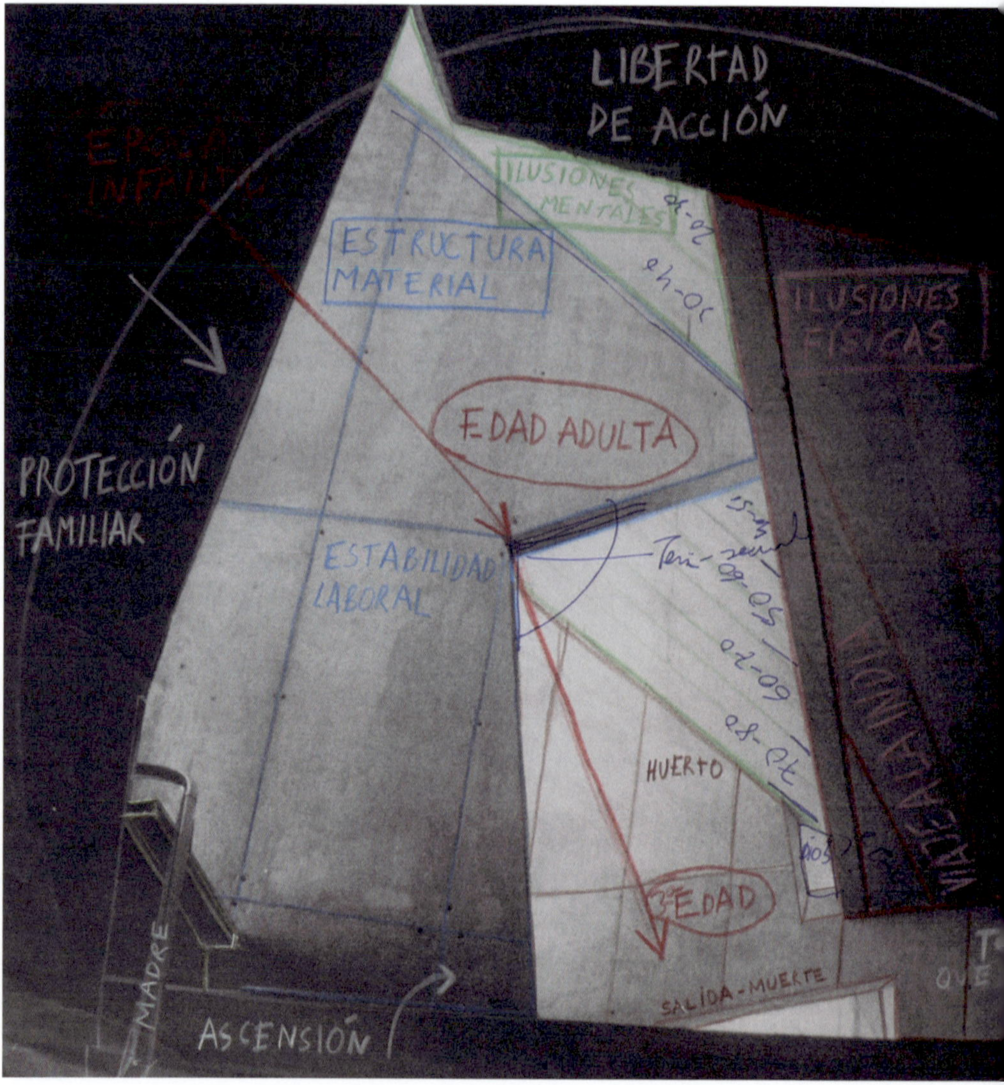
LIBERTAD
DE ACCIÓN
ILUSIONES
MENTALES
ESTRUCTURA
MATERIAL
ILUSIONES
FÍSICAS
EDAD ADULTA
PROTECCIÓN
FAMILIAR
ESTABILIDAD
LABORAL
HUERTO
3ª EDAD
SALIDA-MUERTE
MADRE
ASCENSIÓN

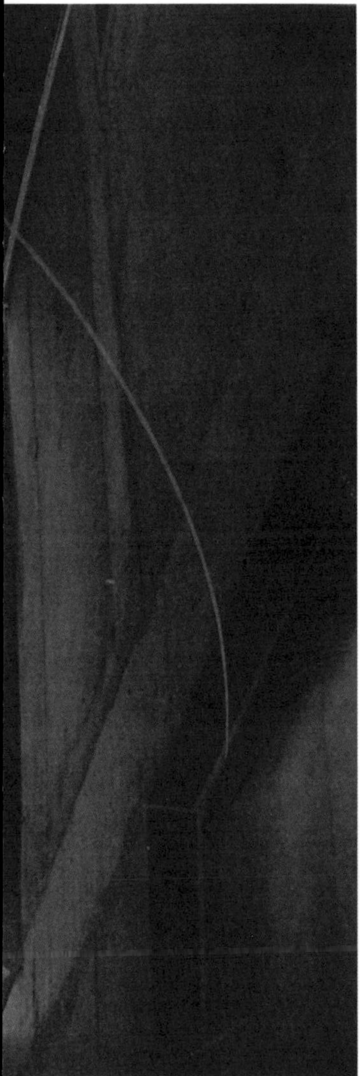

Resulta reconfortante pasear entre los edificios cuando se sufre de desamor u otros dramas íntimos; en estas situaciones siempre es aconsejable pensar en formas geométricas. Pero según nuestro estado de ánimo, al subir por las escaleras de los accesos podemos sentirnos apartados del juego de correspondencias geométricas entre los diferentes elementos de la construcción. Un juego que excluye lo humano y entre el que circulamos sabiendo que nuestra presencia es prescindible, como si anduviésemos entre los límites de maquetas construidas a escala real, esculturas perfectas que deben perforarse a posteriori para acoger los sistemas eléctricos o permitir nuestro acceso. A veces pienso que Miralles debería haber dejado algunas estancias tapiadas. De este modo, podríamos situarnos en el exterior de esas construcciones y, con la ayuda de los planos, reconstruir en el interior de nuestra cabeza, sus límites espaciales. Serían estancias herméticas, casi sin aire, donde sólo podrían sobrevivir las ideas.

It is comforting to stroll between buildings after a lover's quarrel or some other intimate drama; in these situations it is always advisable to think in terms of geometrical forms. But depending on our mood, on going up the access stairs we may feel somewhat removed from this game of geometric correspondences between the different elements of the building. A game that excludes things human and in which we move about knowing that our presence is dispensable, as if we were between the limits of models built to a real scale, perfect sculptures that need to be drilled later to house the electrical systems or permit our access. Sometimes I think that Miralles should have left some walled-up rooms. In this way we could stand outside these buildings and, with the help of the plans, reconstruct their spatial limits inside our head. They would be sealed rooms, almost airtight, where only ideas can survive.

Si una persona se aísla, se encierra entre cuatro muros, o sea se sustrae a la luz, al ruido, acción eléctrica, olores, emanaciones deletéreas de los árboles y animales, temperatura, golpes por proyectiles; si se consigue llegar al máximo de sistema cerrado o sea mínimo de cosmos—hay esperanza de suprimir hasta la gravitación—, si se consigue llegar al hombre-diamante, es decir rodeado por mecanismos aisladores, entonces el hombre puede llegar a vivir diez mil años.)

FERNÁNDEZ, Macedonio. *Adriana Buenos Aires (Última novela mala)*. Barcelona: Península, 1998. p. 235.

If a person isolates themself, they lock themself up between four walls, they avoid light, noise, electrical action, the harmful emissions of trees and animals, temperatures, getting hit by projectiles; if we mange to attain the ultimate closed system, i.e. a minimum cosmos – there is hope of even doing away with gravitation -, if we manage to reach the man-diamond, i.e., surrounded by insulating mechanisms, then man can live for ten thousand years.

Entro en el Palacio de Deportes por la puerta que utilizan los deportistas, situada en la planta inferior del recinto que conduce directamente a los vestuarios. Encuentro los mismos materiales que en el exterior. De hecho, gran parte del edificio se ha construido a partir de la combinación de cuatro materiales: metal, vidrio, hormigón y, en menor medida, madera. En un principio, el edificio resulta algo frío, los arquitectos han rechazado cualquier tipo de maquillaje (pladur o pintura). Al avanzar por el recinto agradezco esta simplicidad.

La primera zona que recorro es una sala polivalente destinada originalmente a ser un gimnasio pero que dada la inclinación del suelo ahora se utiliza como almacén. Al alzar la vista desde ahí y ver la estructura en escorzo, no se entiende nada. No sólo no se entienden las diferentes capas de hormigón y vidrio, sino tampoco el extraño orden que las ha guiado. Mi mente no puede abarcar esta complejidad, una fotografía tampoco puede capturarla.

I enter the Sports Palace through the door that the athletes use, located on the ground floor of the venue and which leads directly to the dressing rooms. The materials are the same as on the outside. In fact, a large part of the building was built from the combination of four materials: metal, glass, concrete and, to a lesser extent, wood. Initially, the building is somewhat cold, the architects rejected any type of make-up - plasterboard or paint-, and on progressing through the venue I am grateful for this simplicity.

The first area I cross through is a multipurpose hall originally to be used as a gym, but which given the inclination of the floor is now used as a store. As I look up and see the foreshortened structure I am puzzled. Not only is it impossible to understand the different layers of concrete and glass, but also the strange order that guided them. My mind cannot grasp this complexity, nor can a photograph capture it.

Accedo finalmente a la pista de básquet, un espacio amplio y neutro; me resulta sosa y previsible en contraste con el edificio que la envuelve, y que al fin y al cabo se ha construido para ella. Voy caminando entre la gradería (que cuenta con 5.000 asientos) y los lavabos. Aquí, el espacio es continuo, no hay pasillos ni zonas muertas. Uno podría acceder al edificio con una barra metálica de 100 metros de largo y salir de él sin chocar contra ningún elemento arquitectónico.

I finally reach the basketball court, a wide and neutral space; I find it dull and predictable, in contrast to the building that houses it, and which, when all is said and done, was built for it. I walk across the terraces (which seat 5,000) and the toilets. Here the space is a continuum, there are no corridors or dead areas. One could enter the building with a 100-metre long rod and walk out of it on the other side without having touched any architectural element.

El 5 de diciembre de 2008 asisto a un partido de básquet entre Lobe Huesca y Gestiberica ciudad de Vigo, en la jornada 13 de la Adecco Leb Plata. Al entrar en el Palacio de Deportes, esta vez por el acceso reservado al público, situado a un nivel superior al de los deportistas, observo que en el vestíbulo han colocado una pequeña barra de bar (con pilar en el interior incluido), una tienda e incluso un coche.

On December 5, 2008, I went to a basketball match between Lobe Huesca and Gestiberica ciudad de Vigo, the 13th match of the Adecco Leb Plata League. On entering the Sports Palace, this time through the spectators' access, which is above the level where the players are, I see they have added a small bar counter in the dressing room (with inside pillar included), a shop and even a car.

lobe
lobe
lobe
lobe

Cuando empieza el partido las miradas se concentran en la cancha y el edificio desaparece, su función queda reducida a cobijar el juego en silencio. Es extraño pensar que se ha construido principalmente para que el público pueda asistir a la lucha de 10 personas para conseguir que una esfera pase por unos aros de 45 centímetros de diámetro, los centros vacíos de la construcción. A medida que avanza el partido, el equipo local va perdiendo puntos y los seguidores empiezan a impacientarse, un sufrimiento que el edificio padece acumulando cáscaras de pipas, patadas contra el suelo y rodeos sin rumbo.

Es el mismo público desencantado que vio como el mismo año en el que se terminó el nuevo estadio, su equipo descendía de categoría, haciendo innecesaria la ampliación.

When the match begins all eyes turn to the court and the building disappears, its function is reduced to hosting the match in silence. It is strange to think that it has been built mainly for the spectators to watch a struggle between 10 people to direct a ball into 45-centimeter-diameter rings, the empty centres of the building. As the game goes on, the local team does not fare well and the fans begin to get impatient, venting their rage on the building by tossing nut shells on the floor, stamping their feet and walking around aimlessly.

The very same fans that disappointedly saw their team relegated to a lower division the year the new stadium was opened, thus rendering the extension unnecessary.

SECTOR 30

Puente Industrial, fábrica Camy-Nestlé

Viladecans, Barcelona (España) 1990

En 1991, Enric Miralles recibió el encargo de construir un puente industrial para la fábrica de Nestlé-Camy. Fue inaugurado en 1994.

El proyecto consistía en conectar dos fábricas separadas por una calle mediante un puente de mercancías y servicios que permitiese el paso de los empleados y el suministro de energía. Además, actuaba como una moldura elevada que proporcionaba coherencia al recinto, visto desde arriba.

Aproximadamente cuatro años más tarde, se vendió una de las naves que conectaba el puente y éste dejó de tener sentido. Fueron demolidas dos terceras partes del mismo que todavía se intuyen más allá del límite actual de la fábrica, sobre la calle y las construcciones cercanas.

La fábrica está situada en la zona industrial de Viladecans. Para llegar hasta allí, lo mejor es dejarse guiar por el penetrante olor a chocolate que desprenden las chimeneas de una fábrica cercana, olor que marcará la percepción que se tiene del lugar.

Industrial Bridge, Camy-Nestlé plant

Viladecans, Barcelona (Spain) 1990

In 1991, Enric Miralles was commissioned with building an industrial bridge for the Nestlé-Camy plant. It was officially opened in 1994.

The project consisted of connecting two factories separated by a street, by means of a goods and services bridge that permitted the passage of employees and the supply of power. Moreover, it acted as a high mould that afforded consistency to the venue, visible from above.

Approximately four years later, one of the industrial premises connected by the bridge was sold and the bridge no longer made sense. Two thirds of it was destroyed, although its presence may still be felt beyond the current limits of the plant, on the street and nearby buildings.

The plant is located in the industrial area of Viladecans. To get there, the best strategy is to follow the strong smell of chocolate issuing from the chimneys of a nearby plant, a smell that will condition our perception of the place.

La parte del puente que todavía se conserva se ha convertido en una sala polivalente empleada para visitas escolares y otros actos públicos. Afortunadamente, las escaleras de emergencia permanecen en pie. Para su diseño, Miralles redibujó en varias ocasiones *Mujer bajando las escaleras* de Marcel Duchamp, hasta que despejó lo que andaba buscando: unas escaleras que bajaran por sí mismas, hallando un volumen tridimensional a partir de una referencia bidimensional. En un artículo publicado en la *Revista de Occidente*, Agustín Valle explica un caso similar. A principios del siglo XX, el Duque de Alba cazó un elefante en África y envió su piel, de 37 m^2, al Museo de Ciencias Naturales de Madrid. Allí, el taxidermista Juan Benito, que jamás había visto un elefante africano, se encargó de conferirle un volumen guiándose por las diferencias marcadas por las arrugas y la dureza de la piel.

The part of the bridge that is still there has become a multipurpose hall used for school visits and other public events. Fortunately, the emergency stairs are still standing. To redesign it, Miralles redrew, on several occasions *Nude Descending a Staircase* by Marcel Duchamp, until he found what he was looking for: stairs going down themselves, finding a three-dimensional volume from a two-dimensional reference. In an article published in la *Revista de Occidente*, Agustín Valle explained a similar case. At the beginning of the 20th Century, the Duke of Alba hunted an elephant in Africa and had its hide, measuring 37 m^2, sent to the Natural Sciences Museum of Madrid. There, the taxidermist Juan Benito, who had never seen an African elephant, gave it volume using the differences marked by the wrinkles and hardness of the skin.

Resulta curioso ese proceso de redibujar una pintura, de buscar en ella los trazos de un proyecto. En una entrevista, Josep Miàs, antiguo colaborador del arquitecto, me explicó que uno de los ejercicios que Miralles pedía a los estudiantes que querían trabajar en su estudio era ordenar los 500 esbozos que Pablo Picasso realizó para pintar les *Demoiselles d'Avignon*. Enric exigía que supieran por qué un esbozo era mejor que otro, algo que solo se logra mediante aproximaciones sucesivas.

No resulta extraño que Miralles se sintiera fascinado por escritores y artistas como Giacometti o Raymond Queneau, que dilatan el proceso de creación de un trabajo mediante múltiples repeticiones que giran alrededor de la forma y su contenido oculto, cuestionándose permanentemente qué tiene y qué no tiene sentido.

La sucesión de estos distintos estados de una misma pintura a través de un trabajo de repetición... No es una serie, no hay variantres. Se insiste siempre sobre o mismo. Parecen producirse los mismos movimientos de la mano. La posición está fijada. Quizás sólo cambia la luz. El paso del tiempo. Y crece la intimidad entre ambos sujetos, que se confunden con la pintura.

MIRALLES, Enric. "Un retrato de Giacometti (a modo de epílogo)". *El Croquis*. nº 72 (II), p. 386. En: *Mapas Mentales y paisajes sociales*. Madrid: El Croquis Editorial, 2002.

This process of redrawing a painting is curious, of searching for the brushstrokes of a project in it. In an interview, Josep Miàs, a former collaborator of the architect, told me that one of the exercises that Miralles asked his students that wanted to work in his studio to do was to put the 500 sketches that Pablo Picasso did to paint les *Demoiselles d'Avignon* in order. Enric demanded that they knew why one sketch was better than another, something that can only be achieved on successive attempts.

It is no surprise that Miralles was fascinated by writers and artists such as Giacometti or Raymond Queneau, who protract the process of creation of a work by means of multiple repetitions that rotate around the form and its hidden content, permanently asking themselves what has and what does not have meaning.

The succession of these states of a single painting through the task of repetition... It is not a series, there are no variations. One always insists on the same thing. The same hand movements seem to be produced. the position is fixed. Perhaps only the light changes. The passage of time. And intimacy grows between the two subjects, who become confusedwith the painting.

El intenso olor a chocolate que despide una fábrica cercana parece provenir de las mismas escaleras, como si estuvieran rellenas de chocolate líquido que pudiera derramarse en cualquier momento al partir una de las "barandillas-galleta".

Al acercarme, observo cómo la diferencia de altura y material de cada peldaño parece responder a un interés por dotar a la escalera de un ritmo determinado, ligado a la velocidad de quien suba por ella. El primer tramo está compuesto por peldaños largos de cemento, no muy altos, que agilizan la transición entre el esfuerzo de caminar y el de subir las escaleras.

Más adelante, aumenta la altura entre peldaños, al tiempo que asoma una barandilla. En este mismo tramo, los escalones de hormigón empiezan a intercalarse con otros metálicos, de forma que nuestro movimiento produce un ritmo calculado al ascender. A medida que subimos, el sonido de los peldaños nos acompaña; de algún modo parece que sean las propias escaleras que nos acompañan, desplegándose a medida que vamos subiendo, como si fueran otro engranaje industrial de la fábrica, una especie de máquina que desengrasa a las personas que las utilizan.

The intense smell of chocolate wafting from a nearby factory seems to come from the very stairs, as if they were filled with liquid chocolate that could spill out at any time when one of the "biscuit-banisters" was snapped.

As I approach, I observe the different height and material of every step, which seems to attempt to confer a given rhythm upon the stairs, linked to the speed of the person climbing them. The first section is made of large cement steps, not very high, which facilitate the transition between the effort of walking and ascending the stairs.

Further up, the height between steps increases, and a banister appears. In this same section, the concrete steps are mixed with other metal ones, so that our movement produces a calculated rhythm on walking up them. As we ascend we are accompanied by the sound of the steps; it is as if somehow the very stairs accompanied us, unfolding before us as we ascend, as if they were other yet another industrial gear in the plant, like a machine that oiled the users.

A mitad de camino, la escalera se repliega sobre sí misma y nos conduce a un tramo de desaceleración tras el que podemos acceder al interior del antiguo puente. Cuando uno se encuentra en el punto más alto de la escalera tiene la tentación de tirarse por ella como si ésta fuera la mejor manera de valorarla, apreciando en cada golpe su estructura, reinterpretando aquel razonamiento de Manolo Hugué según el cual una buena escultura, debe soportar la caída por un barranco.

Halfway up, the stairs sort of retreat and lead us to a deceleration section which takes us on to the inside of the old bridge. When you reach the highest point of the stairs you are tempted to throw yourself down them as if that were the best way of appraising them, appreciating their structure with every knock, reinterpreting that reasoning by Manolo Hugué according to which a good sculpture should be able to withstand a fall into a ravine.

Centro Nacional de Tecnificación para Gimnasia Rítmica y Deportiva

Alicante (España). 1990-93

El Centro de Gimnasia Rítmica de Alicante, diseñado en 1990, es el último proyecto en el que Miralles colabora con Pinós. De hecho, el proyecto definitivo y la obra, los dirigirá Miralles junto a Josep Miàs. El edificio forma parte del complejo deportivo situado en la periferia de la ciudad y, como en el caso de Huesca, se encuentra junto a una colina. Desde ésta, la estructura exterior del edificio tiene una apariencia de movimiento detenido. Las cerchas que sostienen el techo se asemejan a esas imágenes de Muybridge en las que se descomponen los movimientos de animales y hombres al caminar, en una secuencia de gestos que muestran los diferentes estadios de un desplazamiento.

National Technical Centre for Rhythmic and Sports Gymnastics

Alicante (Spain). 1990-93

The Rhythmic Gymnastics Centre of Alicante, designed in 1990, is the last project in which Miralles worked with Pinós. In fact, the definitive project and work was led by Miralles with Josep Miàs. The building is part of the sports complex located on the outskirts of the city and, as in the case of Huesca, stands at the foot of a hill. From the latter, the outer structure of the building looks like a frozen movement. The trusses that hold up the roof are like the images of Muybridge in which the movements of animals and men decompose on walking, in a sequence of gestures that show the different stages of a movement.

Al estar alejado del núcleo urbano, el entorno de la construcción ha sufrido un deterioro acusado. Los muros exteriores están cubiertos de grafitis pintados sobre otros más antiguos. Algunas ventanas han sido apedreadas, se intuyen restos de hogueras, botellas rotas de cerveza y malas hierbas que empiezan a crecer salvajemente por todas partes. Rodeándolos como un anillo de basura, todos estos elementos parecen estar asediando al edificio, aprovechando cada hueco y recoveco, para agredirlo a escondidas.

Being outside the city, the environment around the building has undergone a marked deterioration. The outside walls are covered with layers of graffiti. Some windows have also been broken with stones; there are hints of bonfires, broken beer bottles and weeds which are now growing everywhere. Surrounding it like a ring of garbage, all these elements seem to be laying siege to the building, making the most of every nook and granny to secretly assault it.

En muchos proyectos de Miralles encontramos posibles habitaciones camufladas o únicamente accesibles durante la construcción del edificio. En numerosos textos, Enric hace referencia a la habitabilidad de algunos rincones de sus proyectos, especulando incluso con la posibilidad de vivir allí. Sorprende entonces que esos rincones acaben efectivamente siendo habitados, pero no ya respondiendo al pensamiento poético del arquitecto sino escapando de él, siguiendo una necesidad que lo anula.

In many of Miralles' projects we find possible camouflaged rooms or ones which are only accessible when the building is being constructed. In numerous texts, Enric refers to the habitability of some of the corners of his projects, even speculating with the possibility of living there. It is therefore surprising that some of these corners actually end up being lived in, not in the poetic way imagined by the architect, but rather beyond his control, in accordance with a need that annuls him. How someone could end up inhabiting one of these corners, out of need, seems to be beyond the architect's poetic thought.

Con ocasión de una conferencia sobre el tema del habitar me referí a que en algunos de mis proyectos hay algún rincón protegido que ofrece condiciones de habitabilidad: Podemos encontrarlo junto a los muros de la capilla del cementerio de Igualada, en algunas de las entradas laterales del estadio de Huesca y siempre en lugares donde la construcción se repliega sobre sí misma, para formar una estancia y donde es posible comenzar a almacenar objetos.

MIRALLES, Enric. *Enric Miralles: Obras y Proyectos*. Tagliabue, Benedetta (coord.). Madrid: Electa, 1996, p. 114. Documentos de arquitectura.

"I was giving a conference on the topic of inhabiting and said that some of my projects contain protected corners which can be lived in. We can appreciate this alongside the walls of the chapel of the cemetery of Igualada, in some of the side entrances to the stadium in Huesca, and always in places where the building retreats into itself, to form a room and where objects can be stored".

Se accede al recinto por una suave rampa que cuenta con una serie de perforaciones para permitir el paso de luz al estrecho espacio situado debajo. Esas aperturas permiten relacionar visualmente dos espacios contrarios, el "sobre" y el "bajo" rampa, siguiendo una estrategia similar a la de las intervenciones de Gordon Matta-Clark. En este caso, la intención inicial era dotar de cierto interés a un espacio muerto, inutilizable, que estaba cubierto de césped cuando se inauguró el edificio. Sin embargo, con el paso del tiempo, lo único que consiguen esas perforaciones es dar más visibilidad a un espacio residual lleno de basura.

The venue is accessed by a gentle ramp with a series of drilled holes to allow light into the narrow space below. These openings visually link two opposing spaces, those "above" and "below" the ramp, following a strategy similar to Gordon Matta-Clark's. In this case, the initial intention was to afford a certain interest to a dead, unusable, space, which was covered with turf when the building was opened. However, with the passing of time, the only thing that these holes manage to do is afford greater visibility to a residual space full of garbage".

Dentro del edificio la rampa se convierte en un túnel cerrado suspendido del techo. Dos ventanas permiten acceder visualmente al área de entrenamiento y observar a las gimnastas preparándose para la competición. La pasarela nos conduce hasta las gradas superiores de la pista de competición. Este enlace visual entre las dos salas principales parece equipararlas en importancia.

Inside the building the ramp becomes a closed tunnel suspended from the ceiling. Two windows provide visual access to the training area and we can see the gymnasts training for competition. The catwalk leads to the upper terraces of the competition arena. This visual link between the two main rooms seems to make them equally important.

GENERALITAT VALENCIANA

GENERALITAT VALENCIANA
CAM

Realizo mi primera visita al centro durante el trigésimo Campeonato Nacional de Gimnasia Rítmica en junio de 2004, por lo que el área de entrenamiento esta repleta de gimnastas adolescentes que se relevan durante unos minutos en la pista central para realizar sus ejercicios. Una música ensordecedora acompaña las acrobacias, alternando clásicos, como *El lago de los cisnes* de Tchaikovsky con temas contemporáneos que van desde el *New Age* de Enya hasta el *rave* de Prodigy. Al entrar en la pista central por primera vez sufro un colapso mental. La dejadez brutal del exterior contrasta con los delicados movimientos de las gimnastas que se mueven al ritmo de *Angel* de Massive Attack sonando a todo trapo; todo ello sucede en un edificio incomprensible. En situaciones así, no sorprende sentir una bajada de presión y pensar que eres un ser ajeno al mundo, observándolo desde fuera. Todo parece estar en un extraño y perfecto orden.

I make my first visit to the centre during the thirtieth National Championship of Rhythmic Gymnastics in June 2004, whereby the training area is full of adolescent gymnasts who take it in turns to run through their exercises for a few minutes. Deafening music accompanies the acrobatics, mixing classics such as *Swan Lake* by Tchaikovsky and more contemporary pieces ranging from Enya's *New Age* to the *rave* of the Prodigy. On entering the main arena I have a mental collapse for the first time in my life. The brutal neglect of the outside is at odds with the delicate movements of the gymnasts who move to the rhythm of *Angel* by Massive Attack at full blast; this all happens in an incomprehensible building. In situations like this it is not strange for your blood pressure to plunge, and think that you do not belong to this world, that you are on the outside looking in. Everything seems to be in strange and perfect order.

Tras este primer brote pseudo místico, recorro el interior del recinto. Percibo la repetición de los movimientos de la estructura, parece que el edificio haya interiorizado la idea de baile como maniobra. Construido para albergar los movimientos fugaces de gimnastas rítmicas, uno diría que todos los recorridos posibles han sido calculados, incluidas nuestras pausas y cansancios. Y es que en este edificio, como en la mayoría de los proyectados por Miralles, se nos permite hacer múltiples trayectos, trazar diferentes itinerarios para alcanzar un mismo punto, provocando en el paseante, una confusión propia de un laberinto. Al fin y al cabo la idea de un "edificio-laberinto" es la de un edificio que no se acaba nunca...

After this pseudo-mystic episode I move inside. I perceive the repetition of the movements of the structure, the building seems to internalise the idea of dance as a manoeuvre. Built to house the fleeting movements of rhythmic gymnasts, one might say that all possible routes have been calculated, including our pauses and moments of tiredness. And the fact is that this building, as in most of those designed by Miralles, provides us with multiple routes, to plot different paths to reach the same point, generating a maze-like confusion in the user. When all is said and done, the idea of a "maze-building" is that of a building that never ends...

CAM

En diversos textos, el arquitecto habla de su fascinación por el estado de la casa en obras, el momento en el que la estructura del edificio a medio levantar se confunde con la que se utiliza para completar esa misma construcción; una estructura provisional de andamios, rampas y grúas que proveen al edificio de una accesibilidad total, permitiendo circular por espacios que posteriormente serán inaccesibles. Un estado, por otra parte, en el que la geometría de los planos del proyecto se ve sustituida por una suerte de mecánica antes de que los materiales utilizados acaben encontrando su lugar. En este caso, como en la Mina o el Círculo de Lectores, no puedo evitar pensar que en algún momento estos materiales volverán a moverse. La utilización y colocación de materiales aparentemente transitorios como las lonas que cubren el techo o los paneles aplacados de ladrillo, confieren al Centro de Gimnasia Rítmica, una apariencia de provisionalidad total, como si los elementos pudieran ser desmontados y trasladados a otro lugar en cualquier momento, como la carpa de un circo.

por identificación con los objetos que produzco. En muchas ocasiones me imagino a la gente moviendose por el edificio, atravesando los muros y los pilares casi como en un campo de fuerzas en el que los ocupantes forman parte integrante del edificio. Si registrásemos el peso del edificio, veríamos que en el flujo de los habitantes se concentra a veces una tercera parte del peso del edificio.

ZAERA, Alejandro. *"Una Conversación con Enric Miralles"*. *El Croquis*. 2002, nº72 (II), p. 271. En: *Mapas Mentales y paisajes sociales*. Madrid: El Croquis Editorial, 2002.

In different texts, the architect talks about his fascination with the state of the house as it is being built, the moment when the structure of the half-erected building merges with the part being used to execute the very building; a provisional structure of scaffolding, ramps and cranes that gives the building total accessibility, allowing us into spaces that will subsequently be inaccessible. A state, moreover, in which the geometry of the project plans is replaced by a sort of mechanics before the materials used eventually find their place. In this case, as in La Mina or the Círculo de Lectores, I cannot help thinking that these materials will be moved again at some point. The use and placement of seemingly transient materials such as the canvases that cover the roof or the brick panels afford the Rhythmic Gymnastics Centre the appearance of something utterly provisional, as if the elements could be taken down and transported elsewhere, any time, like a circus big top.

by the editification of the objects I produce. I often imagine people moving around the building, moving through the walls and the pillars like in a field of forces in wich the occupants are an integral part of it. If we were to rgister the weight of the building, we would see that the flow of the inhabitants sometimes accounts for a third of the building's weight.

Barceló Viajes
ESPACIO
ESPACIO
LAS PROVINCIAS
ALICANTE

La aparente provisionalidad en la colocación y utilización de los materiales, así como la imprecisa función de los espacios intermedios, refuerza la percepción inestable generada por los grandes soportes del techo. Un tipo de percepción que fascinaba a Miralles como se adivina al ver la foto que guardaba en su casa: una imagen tomada durante las obras del edificio en la que se ve a un grupo de operarios desplazando los pilares que soportan el techo antes de su colocación definitiva.

The apparent provisionality in the placement and use of the materials, as well as the unclear function of the intermediate spaces, reinforces the unstable perception generated by the huge roof supports. A type of perception that fascinated Miralles, as is implied by the photo he kept at home: a photo taken during the work on the building which depicts a group of operators moving the pillars that support the roof before they are definitively installed.

Estos pilares parecen encontrarse en un desequilibrio latente, similar a la contracción muscular de las gimnastas cuando finalizan sus ejercicios y aguardan todavía unos segundos, rígidas, antes de abandonar la pista. Uno tiene la sensación de que van a quebrarse en cualquier momento, y con ellos, la cubierta que soportan, creando una tensión que hace vibrar todo el espacio. Esta percepción de movimiento detenido se aprecia mejor en la zona de entrenamiento, particularmente en el soporte situado justo en medio de la entrada: mientras dos de los tres pilares que lo componen se sitúan en el pasillo de acceso, el tercero se encuentra dentro de la sala. Para entrar, uno debe esquivarlo, como sucede en las colas cuando, al hacerse demasiado largas, se mezclan con personas ajenas a ellas.

These pillars seem to be in latent disequilibrium, like the muscular contraction the of gymnasts on completing their exercises and who wait for a few seconds in tension before leaving the arena. You have the sensation that they are going to break at any minute, and the roof with them, creating an enormous tension that makes the whole space vibrate. This perception of frozen movement is best seen in the training area, particularly in the support located in the middle of the entrance: while two of the three pillars stand in the access corridor, the third one is in the hall. You have to dodge it to get in, as occurs in queues which when they become too long are swollen even further by people who are not actually waiting.

Mi fascinación por estos juegos constructivos que fuerzan la relación entre equilibrio y peso, me lleva a repetirlos a pequeña escala (como ya hice con las pérgolas de Parets del Vallès). En este caso, no hago una maqueta sino que me apropio del diseño de los soportes para aplicarlo a una necesidad doméstica.

Una alternativa a este libro podría haber sido la apropiación de cada uno de sus proyectos para amueblar una casa. La pérgola de Parets podría haberse convertido en la mesa del recibidor, la abertura en la fachada del Instituto la Llauna me habría servido como modelo para abrir un ventanal en la cocina hacia el patio de luces y así sucesivamente.

My fascination for these building games that force a relationship between equilibrium and weight leads me to repeat them on a small scale (as I did with the pergolas in Parets del Vallès). In this case I do not make a model, but rather appropriate the design of the supports to apply it to a household need.

An alternative to this book could have been the appropriation of each one of its projects to furnish a house. The pergola of Parets could have become the hall table, the opening in the facade of the la Llauna school would have served as a model to open a window in the kitchen to the well of the building and so on.

Regresé al edificio a principios de 2005 para ver las partes de la construcción que estaban cerradas al público durante la competición. En esta segunda visita, más relajada y sin música de fondo, pude observar cómo se habían colocado decenas de tiestos con plantas y jardineras en el interior del centro, con la supuesta intención de humanizarlo. Esta naturaleza "controlada" contrasta con la que crece desordenadamente en el perímetro del edificio, de la misma manera que las gimnastas rítmicas desentonaban con los yonquis que yacían en el exterior del centro durante mi primera visita.

En varios edificios de Miralles se han ido colocando macetas con diferentes propósitos. En el cementerio y en Hostalets, sirven para que la gente no se caiga por el hueco de la escalera. En otros casos, como en las viviendas de Borneo de Ámsterdam, se han dispuesto dos arbolitos simétricos en la entrada para contrarrestar la anárquica asimetría de la fachada. Es como una analogía, un tanto forzada y torpe, que reedita la lucha que mantienen la mayoría de los edificios de Miralles con su entorno y, en particular, entre orden y desorden, abstracción y naturaleza pero, sobre todo, entre lo permanente y lo provisional.

I returned to the building at the beginning of 2005 to see the parts of the building that were closed to the public during competition. In this second visit, more relaxed and free of background music, I saw that they had placed dozens of plant pots and window boxes inside the centre with the would-be intention of humanising it. This "controlled" nature contrasts with that which grows untidily on the perimeter of the building, just like the rhythmic gymnasts were at odds with the junkies languishing outside the centre during my first visit.

Plant pots have been placed in several of Miralles' buildings with different purposes. In the cemetery and in Hostalets they are used to stop people from falling through the stairwell. In other cases, as in the houses in Borneo, in Amsterdam, two little symmetrical trees have been placed at the entry to offset the facades' anarchic symmetry. It is like an analogy, somewhat forced and clumsy, which repeats the struggle that most of Miralles' buildings maintain with their environment, particularly between order and disorder, abstraction and nature, but above all between the permanent and the provisional.

GENERALITAT VALEN

Pabellón de Meditación de Unazuki

Toyama (Japón) 1991-1993

Unazuki es una población turística de unos 6.000 habitantes situada en el valle del río Kurobe, donde empiezan los llamados "Alpes japoneses". Cuenta con numerosos hoteles y *onsens*, una versión japonesa de los balnearios europeos. El mirador que realizó Miralles en 1993 se encuentra en un extremo de la población, en la orilla opuesta del río, junto a un gran puente de hormigón. Lo primero que me llama la atención al acercarme es que se encuentre en la zona periférica de la ciudad, encarada a ella. En la mayoría de fotografías publicadas del proyecto parece que se halle en medio de la naturaleza. Al verlas de nuevo, imagino las contorsiones que habrán hecho los diferentes fotógrafos para que no aparezcan las construcciones del entorno, situadas sólo unos milímetros más allá del campo de visión del objetivo.

Meditation Pavilion of Unazuki

Toyama (Japan) 1991-1993

Unazuki is a tourist town of some 6,000 inhabitants located in the river Kurobe valley, where the so-called "Japanese Alps" begin. It boasts numerous hotels and *onsens*, a Japanese version of the European spa. The vantage point executed by Miralles stands in 1993 at one end of the town, on the opposite bank of the river, near a large concrete bridge. The first thing that attracts my attention is that it is located in the peripheral area of the city, facing it. In most of the published photographs of the project it seems to lie in the midst of nature. On seeing them again, I imagine the contortions the different photographers must have had to do to keep the buildings, located but a few millimetres away from the camera lens' field of vision, out of the photos.

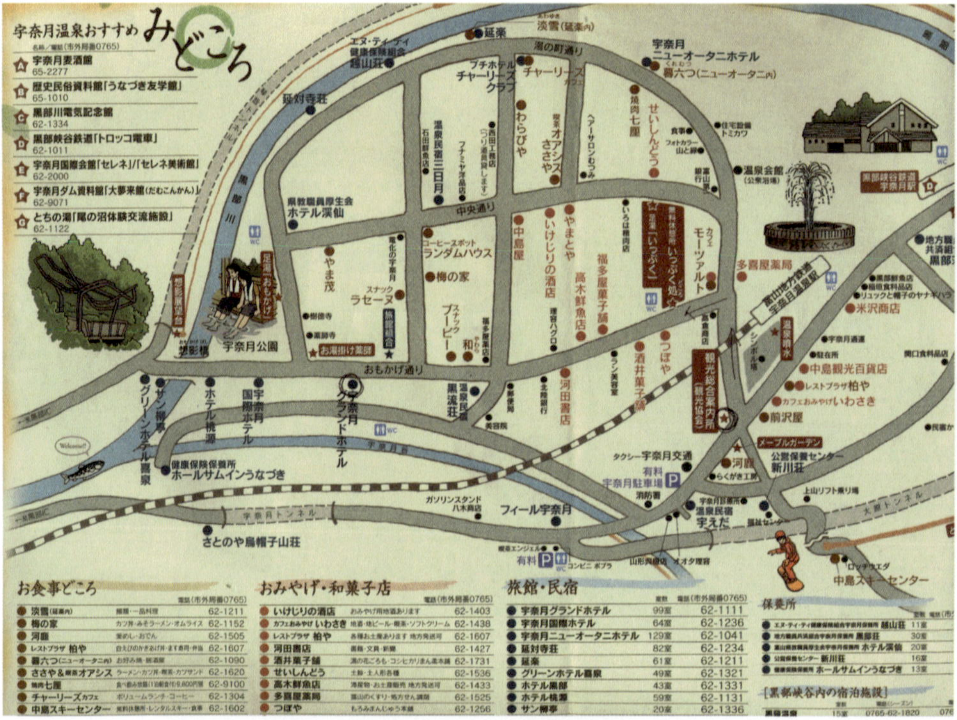
宇奈月温泉おすすめ みどころ
宇奈月麦酒館
65-2277
歴史民俗資料館「うなづき友学館」
65-1010
黒部川電気記念館
62-1334
黒部峡谷鉄道「トロッコ電車」
62-1011
宇奈月国際会館「セレネ」/「セレネ美術館」
62-2000
宇奈月ダム資料館「大夢来館(だむこんかん)」
62-9071
とちの湯「尾の沼体験交流施設」
62-1122
延楽
淡雪(延楽内)
湯の町通り
宇奈月ニューオータニホテル
暮六つ(ニューオータニ内)
プチホテル チャーリーズクラブ
チャーリーズカフェ
延対寺荘
わらびや
喫茶オアシス ささや
焼肉七厘
せいしんどう
温泉会館
黒部峡谷鉄道 宇奈月駅
中央通り
ホテル湯仙
温泉民宿三日月
コーヒースポット ランダムハウス
梅の家
やま茂
スナック ラセーヌ
スナック ブーピー
和
中島屋
いけじりの酒店
やまとや
高木鮮魚店
福多屋菓子舗
モーツァルト
多喜屋薬局
富山地方鉄道 宇奈月温泉駅
米沢商店
宇奈月公園
想影橋
おもかげ通り
サン柳亭
グリーンホテル喜泉
ホテル桃源
宇奈月国際ホテル
宇奈月グランドホテル
黒部川
河田書店
酒井菓子舗
つぼや
観光総合案内所
中島観光百貨店
レストプラザ柏や
カフェおみやげいわさき
前沢屋
メープルガーデン
河鹿
公営保養センター 新川荘
タクシー宇奈月交通
有料 宇奈月駐車場
ホールサムインうなづき
宇奈月トンネル
さとのや烏帽子山荘
フィール宇奈月
温泉民宿 宇えだ
中島スキーセンター
お食事どころ
おみやげ・和菓子店
旅館・民宿
保養所

El mirador se encuentra situado junto al puente que une la población con la carretera, aprovechando parcialmente los restos de otro puente ya desaparecido. El fuerte desnivel del terreno permite que el mirador sobresalga entre los árboles, sobre el vacío. Al irme acercando, advierto que la zona sufre un fuerte abandono. Cerca de la entrada distingo una pequeña figura de un Buda, lo que parece indicar que aquel lugar habría sido el punto de partida de un camino de peregrinación religiosa. Ignoro la señal que prohíbe el paso e intento adentrarme infructuosamente por el sendero. La presencia de una alta y densa vegetación sumada a la inestabilidad del suelo en pendiente y los corrimientos de tierra están a punto de borrar el camino y me impiden continuar. Desde esta posición se observa cómo la vegetación parece ir engullendo también la estructura del mirador. Los troncos de arbustos y árboles presionan algunos de los elementos que lo componen; madera contra metal, en una tensión que diluye los límites de un proyecto que tiende a su propia desaparición.

The vantage point is located next to the bridge that joins town and road, partially using the remains of other bridges that have already disappeared. The strong off-level of the terrain allows the vantage point to jut out through the trees, over the cliff. As I get closer I can see that the area has been neglected. Near the entrance I can make out a small Buddah figure, which seems to indicate that the place must have been a point of departure of a religious pilgrimage route. I ignore the no entry sign and unsuccessfully try to get onto the path. The presence of high and dense vegetation, compounded by the instability of the sloping ground and landslides, are about to do away with the path and prevent me from continuing. From this position, we can see how the vegetation also seems to be engulfing the structure of the vantage point. The trunks of bushes and trees are pressing on some of the elements it is comprised of; wood versus metal, in a tension that waters down the limits of a project that is headed for disappearance.

これより先
通行禁止
落石注意

Regreso al punto de partida. Para acceder al mirador desciendo un tramo de escaleras que me separan de tierra firme y me sitúan sobre el abismo. Al llegar a la plataforma del mirador observo que el pavimento no es uniforme sino que la madera traza un recorrido sobre la superficie de la construcción, cuya planta recuerda vagamente a una B encarada al paisaje. Este recorrido obliga al visitante a dar dos vueltas sobre sí mismo hasta volver a la posición inicial, obligándolo a asomarse dos veces al vacío. Este detalle no es superfluo, el arquitecto quiere que nos enfrentemos dos veces al paisaje, como si una sola mirada no bastara. Si nos desviamos del recorrido marcado por el pavimento de madera, nos encontramos con una rejilla metálica que permite ver el precipicio bajo nuestros pies. La compleja estructura metálica de la construcción parece acompañar nuestros movimientos, situándose entre nuestros ojos y la lejanía, en una capa intermedia.

I return to the point of departure. To access the vantage point I walk down a flight of stairs that separate me from solid ground and lead me to the void. On reaching the platform of the vantage point I observe that the flooring is not even, but rather the wood plots a route over the surface of the construction, whose ground plan vaguely recalls a figure B facing the landscape. This route obliges the visitor to turn around twice to get back to the initial position, obliging them to look out over the void twice. This detail is not superfluous, the architect wants us to face the landscape twice, as if one look were not enough. If we move away from the route marked by the wooden flooring, we come across a metal grille which shows us the cliff at our feet. The complex metallic structure of the construction seems to accompany our movements, between our eyes and the distance, in an intermediate layer.

Efectivamente, como ya se intuía desde lejos, el clima y la vegetación han hecho mella en la construcción. La madera de barandillas, suelo y algunos tramos de escalera, está muy húmeda e hinchada. Tropiezo con fragmentos que se han desprendido de su soporte, esparcidos por el suelo... de nuevo me encuentro ante una obra en descomposición. Los recojo y los devuelvo a su posición original.

Indeed, climate and vegetation have gnawed away at the construction, as we had already guessed from afar. The wood of the rails and banisters, the ground and some sections of stairs are very wet and swollen. I come across fragments that have detached from their mounts, strewn across the ground... This is another work in decomposition. I pick them up and put them back in their original position.

Tuve la suerte de que mi visita a la región fuera en invierno (diciembre de 2006), lo que me permitió ver los soportes de bambú que en aquella región se colocan en los árboles para que no cedan a la presión del viento y la nieve. Unas estructuras que fascinaron a Miralles en uno de sus viajes y que quiso integrar en su proyecto, permitiendo su posible colocación sobre la estructura metálica. Un deseo que no pudo realizarse a causa de las rígidas normativas japonesas.

I was lucky enough to visit the region in winter (December 2006), which allowed me to see bamboo supports, which in the region are placed on the trees so that they will not give way under the pressure of the wind and snow. These structures fascinated Miralles on one of his trips, and he wanted to integrate them in his project, placing them on the metal structure. This desire could not be fulfilled due to the rigid Japanese legislation.

Es una silueta que penetra en el paisaje debido a su especial ubicación. Y debido al juego de transparencias comienza a jugar con los perfiles naturales de las montañas, y con el agua del río... Peces o pájaros.
Unos muros de bambú, como elementos festivos, marcarán el peso de las estaciones, como las vestiduras de un ser vivo.

MIRALLES, Enric. "Pabellón de Meditación en Unazuki". *El Croquis*. nº 72 (II), p. 326. En: *Mapas Mentales y paisajes sociales*. Madrid: El Croquis Editorial, 2002.

It is a silhouette that penetrates the land-scape due to its exeptional location. And through the set of transparencies, it starts to play with the natural profiles of the mountains, with the water of the river... Fish or birds.
Bamboo walls are festive elements to mark the passing of the seasons, as if they were the clothing of a living being.

Reforma de un piso en la calle Mercaders

Barcelona (España) 1995

En la primavera de 2004, Benedetta Tagliabue tuvo la amabilidad de invitarme a visitar la vivienda que compartió con Enric. Poder visitarla fue un inmenso privilegio ya que se trata del proyecto más libre de los arquitectos y en ella se aprecian pequeñas pruebas y ensayos que los arquitectos desarrollarían y aplicarían más adelante.

Al entrar en la casa y subir las escaleras de acceso desde el patio, me encuentro frente a una mesa inmensa, situada en medio del vestíbulo. Es la conocida mesa InesTable, diseñada por el arquitecto en 1993, respondiendo a una invitación desde Grenoble para realizar un objeto que representara su poética. Miralles decidió presentar esta mesa, ideada para ser utilizada posteriormente en su casa y en la que vertió algunas de las preocupaciones que lo acompañarían a lo largo de toda su trayectoria.

> Seguramente el resumen sería éste, algo que a lo largo de distintos momentos está así, casi puedes acordarte o fechar cuando estaba de una manera o estaba de otra, una especie de reloj, de reloj que tiene que ver con tu modo de relacionarte con el objeto y a la vez que hacía casi desaparecer la habitación.

MIRALLES, Enric. "Constricciones". [Transcripción de la conferencia pronunciada el 30 de noviembre de 1995 en Sevilla]. En: VVAA. *Seminario '95 hacer vivienda: acerca de la Casa 2.* Sevilla: Consejería de Obras Públicas y Transportes, Dirección General de Arquitectura y Vivienda, 1998, p. 108.

Refurbishing of a flat in Mercaders street

Barcelona (Spain) 1995

In the spring of 2004, Benedetta Tagliabue very kindly invited me to the house she shared with Enric. Visiting it was an immense privilege, since an architect's home is the place where they work most freely, and contains small tests and trials that the architects will subsequently develop and apply.

On entering the house and walking up the stairs from the patio, I come across a huge table in the middle of the hall. It is the famous InesTable, designed by the architect in 1993, on an invitation by Grenoble to make an object representing its poetry. Miralles decided to present this table, designed for subsequent use in his home and into which he put some of the concerns that would accompany him throughout his career.

> It is designed as something which over different moments is one way, you can almost remember or put a date on the time when it was like this or like that, a kind of clock, one that has to do with the way you relate to the object and which at the same time made the room disappear.

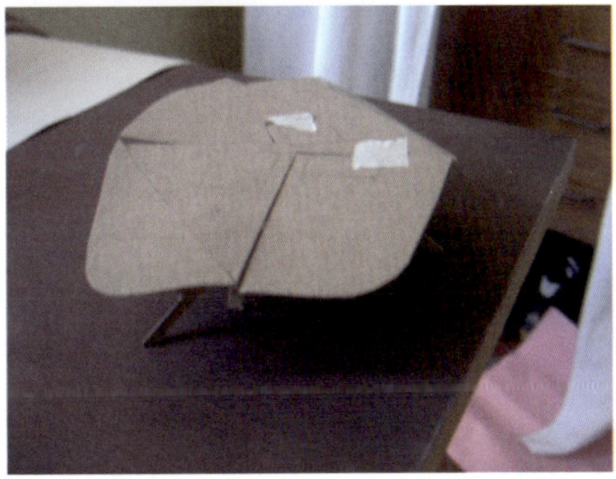

Lo primero que sorprende de esta mesa es su inmenso tamaño que implica una imposición espacial para el usuario - imposible ocupar su centro -, una imposición que debe ser entendida como una invitación a usarla de diferentes modos. Esto se logra con un sistema de bisagras y apoyos que permiten doblar su superficie dotándola de una versatilidad formal que posibilita diferentes usos que pueden variar a lo largo del día, como un juego mecánico más que geométrico, remitiendo a algunas esculturas de Lygia Clark. En esa ocasión no pude jugar con ella al estar su superficie ocupada, pero pude hacerlo posteriormente con una copia realizada para la biblioteca pública de Palafolls. Durante tiempo, busqué las posiciones que el diseño permitía, intentando no forzarla; en algunos casos, el resultado convertía la mesa en un objeto escultórico.

"La vida. Instrucciones de uso" de Georges Perec era uno de los libros favoritos de Enric Miralles. En él se describen todas las habitaciones de un inmueble situado en París, descubriendo a través de ellas a sus ocupantes y las relaciones que mantienen entre ellos. Uno se imagina a Miralles leyendo el libro y deseando realizar el proyecto arquitectónico total: aquél que no solo comprendiese el diseño del edificio sino también la disposición de muebles y objetos en las habitaciones, así como los sucesos que tuvieran lugar allí (cenas, malentendidos, etc.).

The first surprising thing about this table is its immense size, which involves a spatial imposition on the user - it is impossible to occupy the centre -, an imposition that should be understood as an invitation to use it in different ways. This is achieved with a system of hinges and supports that enable its surface to be bent, affording it a formal versatility to be put to different uses, which may change during the day, more like a mechanical than geometric game, evoking some sculptures of Lygia Clark. I could not play with it on that occasion, as its surface was occupied, but did have the chance to do so another day with a copy made for the public library of Palafolls. For some time I sought the positions that the design permitted, trying not to force it; in some cases the result turned the table into a sculptural object.

"Life. A User's Manual", by Georges Perec was one of Enric Miralles' favourite books. It describes all the rooms of a house in Paris, discovering through them its occupants and the relationship between them. One imagines Miralles reading the book and wanting to execute the total architectural project: one that not only encompassed the design of the building, but also the layout of furniture and objects in the rooms, as well as the events in it (dinners, misunderstandings,...).

Cambiarse de sitio, sí; vivir de prestado. Benedetta encontró nuestra casa y el despacho, y para mí verdaderamente fue una ocasión más de valorar esa cosa de vivir de prestado, de meterse uno en una casa como en un vestido de segunda mano, en el que lo más interesante es lo que vas descubriendo. Yo me

Changing place, yes; living off a loan. Benedetta discovered our house and the office, and for me it truly was another chance to appreciate the idea of living off a loan, of moving into a house like putting on second-hand clothes, where the most interesting thing is what you discover. I spend my life there, inside the house.

TUÑÓN, Emilio; MORENO MANSILLA, Luis. "Apuntes de una conversación informal (con Enric Miralles)". *El Croquis*. 2002, nº 100-101, p. 13. En: *Mapas Mentales y paisajes sociales*. Madrid: El Croquis Editorial, 2002.

En 1993, Miralles y Tagliabue adquieren la que será su vivienda en la calle Mercaders, muy cercana al mercado de Santa Caterina. Se trata del mismo edificio donde había residido Francesc Pujols. Un antiguo palacio gótico construido alrededor de un amplio patio interior. Desde el vestíbulo se conectan los diferentes ámbitos de la casa: por un lado la zona de dormitorios y por otro la biblioteca, el despacho y la sala de estar. Una diferenciación que no se impone al visitante, al tener la casa una planta circular. Con extraña facilidad se van atravesando las estancias que rodean el patio interior hasta dar la vuelta y encontrarse, casi sin querer, dentro de las habitaciones privadas.

In 1993, Miralles and Tagliabue bought what was to become their home in calle Mercaders, very close to the market of Santa Caterina. It is the building where Francesc Pujols had also lived. An old gothic palace, built around a wide inside patio. The hall leads to the different ambiences of the house, on one side the bedroom area, whereas the other side houses the library, office and living room. A distinction that is not imposed on the visitor, as the house has a round ground plan. You go through the rooms that surround the inner patio with extreme ease and go round the house coming back, almost without realising, to the private rooms.

Desde el primer momento se identifican las constantes que definen este espacio. Parece como si la construcción hubiera sido sacudida, espacial y temporalmente, generando un lugar denso que mantiene vínculos complejos con el edificio original. Las paredes y vigas han sido rascadas con el afán de un arqueólogo loco. El suelo hidráulico, desencajado, ya no entiende los límites entre las estancias. Todo contribuye a la fluidez entre las diferentes habitaciones, acentuada por la distribución del mobiliario: estanterías y sillones atraviesan los diferentes espacios desdibujando sus límites. Una de las obsesiones de Miralles era la de generar una fluidez espacial que conectase con el pensamiento de quien recorriera ese mismo espacio. Una fluidez cuyo propósito era no aburrirse nunca en el lugar y poder alterarlo fácilmente. Este objetivo se alcanza aquí de un modo ejemplar conjugando una serie de objetos de manera aparentemente azarosa, produciéndose un constante juego dialéctico entre contrarios.

Los elementos originales de la construcción conviven con nuevas paredes (algunas de ellas correderas) que buscan crear pequeños espacios dentro de las grandes salas. De ese modo, el capitel gótico con forma de ángel hallado tras una pared durante la rehabilitación convive con los dibujos realizados por Miralles en las paredes del gran salón.

The constants that define this space are clear from the very beginning, it is as if the building had been shaken, in time and in space, generating a dense place that maintains complex bonds with the original building. The walls and beams have been scraped with the zeal of a demented archaeologist. The hydraulic floor, out of position, no longer understands the limits between rooms. Everything contributes to the smoothness of transition between the different rooms, heightened by the distribution of the furniture: shelves and armchairs cross the different spaces, distorting their limits. One of Miralles' obsessions was to generate a spatial smoothness that linked up with the thoughts of the person walking through it. A smoothness whose purpose was to never to get bored in the place and be able to change it easily. This objective is accomplished here in exemplary fashion, conjugating a series of apparently random objects, with a constant dialectic play between opposites.

The original elements of the building coexist with new walls (some of which are sliding), which seek to create small spaces in the large rooms. In this way, the gothic angle-shaped capital found behind a wall during refurbishing coexists with the drawings made by Miralles on the walls of the large salon.

La heterogénea acumulación de objetos que abarrota las habitaciones contribuye a la desorientación; parecen personajes participando en un interminable debate entre diferentes maneras de entender lo que representan. Unos populares asientos de mimbre se enfrentan a butacas desemparejadas de Eames y de Smithson. Otro combate aéreo se desarrolla entre las luces: cañas de pescar reconvertidas en soportes de bombillas conviven con la lámpara *Scherezade* o diseños de Jacobsen y Coderch. En las estanterías de la biblioteca, otra dialéctica silenciosa se produce entre la colección completa de la revista October, los catálogos de Dan Graham, Robert Smithson o James Turrell y aquellos de Matisse, Picasso o Hockney.

Al recorrer en soledad las diferentes estancias, todos estos muebles y objetos permanecen en una extraña quietud, sin duda es una casa preparada para recibir. Miro por el ventanal del salón y descubro un sórdido aparcamiento encajonado en la parte trasera de un edificio de oficinas de la Via Laietana, un lugar frecuentado por vagabundos y yonquis.

The heterogeneous accumulation of objects that pack the rooms contributes to the disorientation; like people participating in a never-ending debate between different ways of understanding what they represent. Popular wicker seats stand opposite odd *Eames* and *Smithson* armchairs. Another air fight is ongoing between the lights: fishing rods reconverted into lamp holders coexist with the *Scherezade* lamp or designs by Jacobsen and Coderch. The library shelves are the scene of another silent struggle between the complete collection of the *October* journal, the catalogues of Dan Graham, Robert Smithson or James Turrell, and those of Matisse, Picasso or Hockney.

As I walk though the different rooms in silence, all this furniture and these objects remain strangely quiet, there is no doubt that it is a house ready to receive guests. I look out the large window of the living room and discover a sordid car park boxed into the back of an office block on Vía Layetana, a place frequented by down-and-outs and junkies.

Parque de los Colores

Mollet del Vallès, Barcelona (España) 1992-95 / 1999-2002

En 1992, Enric Miralles recibe el encargo de construir un parque sobre un antiguo basurero en el barrio Maria Rosa de Mollet del Vallès. El proyecto tardará 10 años en construirse, durante los cuales se modificará la idea original por diversas razones. Por un lado sufrirá recortes importantes, como la supresión de la biblioteca planificada inicialmente (cuya planta se asemeja a la construida posteriormente en Palafolls). Por otro, durante este periodo Benedetta Tagliabue se incorpora al estudio participando en el diseño del parque.

Parque de los Colores

Mollet del Vallès, Barcelona (Spain) 1992-95 / 1999-2002

In 1992, Enric Miralles received a commission to build a park on top of an old landfill, in the María Rosa neighbourhood of Mollet del Vallès. The project would take 10 years to come to fruition, and the original project was modified for different reasons. On the one hand there were major cutbacks, such as the suppression of the library planned initially (whose ground floor plan is like the one subsequently built in Palafolls). Moreover, Benedetta Tagliabue joined the studio in this period, and took part in the design of the park.

La intención de los arquitectos será la de crear una topografía social, unos trazos o formas que se inserten en un lugar sin memoria para dotarlo de una nueva identidad. Una intención similar a la que lleva a los jóvenes que habitan la zona a "tunear" sus vehículos, reinventando las carrocerías a su medida, dándoles formas que conjugan perfectamente con las pérgolas del parque.

Los arquitectos han querido proteger al parque de cualquier agresión externa, marcando distancias con los edificios que lo rodean. Mediante la plantación de árboles y la construcción de estructuras aéreas en el perímetro del proyecto han creado una barrera visual con el entorno que dota al parque de una cualidad de espacio cerrado. Algunas pérgolas han sido diseñadas a partir de grafitis, anticipándose a lo que les pueda suceder.

The architects' intention was to create a social topography, strokes or forms that would be inserted into a place bereft of memory to give it a new identity. A similar intention to the one that leads young people in the area to tune their vehicles, reinventing the bodywork to suit themselves, shaping it to conjugate perfectly with the pergolas of the park.

The architects sought to protect the park from any external aggression, setting it apart from the surrounding buildings. By planting trees and building overhead structures around the perimeter of the project they created a visual barrier to the environment that affords the park the nature of a closed space. Some pergolas have been designed from graffiti, pre-empting any such similar possibility.

En la zona donde las construcciones circundantes son más altas, estas estructuras se transforman en paredes aéreas de ladrillo que parecen formar o haber formado parte de los edificios colindantes, confundiéndose con ellos. En varios proyectos de Miralles encontramos este interés por utilizar los mismos materiales que configuran el entorno, como una estrategia de camuflaje. Una táctica en la que materiales estándar son utilizados de otro modo por el arquitecto, como si se impusiera un reto del que consigue salir airoso.

In the area where the surrounding constructions are higher, these structures are transformed into overhead brick walls, which seem to be or have been part of the adjacent buildings, merging with them. Several of Miralles' projects show this interest in using the same materials that configure the environment, as camouflage. A tactic in which standard materials are used differently by the architect, as if challenging himself and winning.

Esta nueva “topografía”, una especie de tábula rasa en el territorio, va tomando cuerpo poco a poco y adquiriendo sentido a posteriori. La gente se encargará de ir dejando sus propias señales. Y es que hay cosas imprevisibles que se escapan de las manos del arquitecto por mucho que construya sus edificios como quien escribe un libro. Las acciones de sus futuros habitantes funcionaran a modo de escrituras automáticas sobre los planos del proyecto como notas a pie de página.

This new "topography", a kind of tabula rasa in the territory, slowly takes shape and subsequently becomes meaningful. People will leave their own mark later. And many unexpected things are beyond the architect's control, regardless of whether they erect their buildings like one who writes a book. The actions of their future inhabitants will act as automatic scriptures on the project plans, like footnotes.

El pasado lunes 15 de agosto mi
hija de 6 años cayó en una de las
zanjas de este parque. Como
consecuencia de la caída ha
sufrido una importante lesión que le
ha obligado a permanecer
hospitalizada durante una semana.
Ruego a quien pueda aportar
alguna información sobre el
accidente se ponga en contacto
conmigo:

PLAYBOYGIRLS
LyA

El pavimento de algunas zonas del parque es la materialización de un dibujo de colores chillones realizado por Miralles. Un dibujo que cambia de escala y que pasa a concretarse mediante cemento coloreado, maderas y ladrillos. Es divertido pensar en un dibujo que uno puede pisar, que la arena va borrando y que debemos ir despejando con los pies. No sé porqué me recuerda a esas películas de dibujos animados en las que de repente aparece un personaje de carne y hueso que se pone a hablar con un conejo de mentira como si fuera lo más normal del mundo. En esos detalles uno parece entrever la fascinación de Miralles por el modo en el que el pensamiento va abriéndose paso hasta evacuarse por la mano y cómo posteriormente ese impulso se traduce en un espacio habitable; al fin y al cabo son estructuras mentales extraídas que poco a poco deben espabilarse por sí solas.

The paving of some areas of the park takes the form of a drawing in flashy colours made by Miralles. A drawing that changes scale and takes the material form of coloured cement, wood and bricks. It is funny to think about a drawing that one can trample on, which the sand will gradually erase and which we have to wipe away with our feet. I don't know why it reminds me of those cartoons in which a real-life character suddenly appears and starts talking to a rabbit as if it were the most natural thing in the world. These details appear to evince Miralles' fasclnation with how thought pushes through and issues forth through the hand and how that impulse subsequently translates into an inhabitable space; when all is said and done they are extracted mental structures which ultimately have to learn to cope by themselves.

Parque Diagonal Mar

Barcelona (España) 1997-2002

El proyecto para el parque de Diagonal Mar coincide temporalmente con el del Parc dels Colors de Mollet y se enmarca en una gran actuación urbanística impulsada por la promotora inmobiliaria Hines, en los terrenos de la antigua fábrica Macosa, que accedió a construir el parque a cambio de edificar una serie de torres de viviendas que lo rodean de un modo asfixiante. Por este motivo, aunque el parque ocupa una gran superficie de terreno, la actuación se encuentra fragmentada en diferentes zonas y no acaba de encontrar ni su propia escala, ni la densidad narrativa que tienen otros proyectos.

Diagonal Mar Park

Barcelona (Spain) 1997-2002

The project for Diagonal Mar Park is a contemporary of the Parc dels Colors of Mollet, and was framed within a major development intervention promoted by the Hines developers, on the land occupied by the former MACOSA factory, which agreed to have the park built in exchange for building a series of skyscrapers that surround and stifle it. For this reason, and while the park takes up a large surface area in terms of land, the intervention is fragmented into different areas and has not quite managed to find its own scale or the narrative density of other projects.

En todas las zonas del parque se produce una confrontación entre los "gestos" (pérgolas y fuentes) y las "cajas" (edificios que lo rodean), intensificada en la zona más cercana al mar, donde una serie de "estructuras-fuente", realizadas a partir de un mismo módulo colocado en diferentes posiciones, cohabitan con la última promoción de viviendas del complejo inmobiliario. Si en mis primeras visitas estas estructuras tenían cierta autonomía respecto al entorno, progresivamente los nuevos edificios han ido ganando terreno, obstruyendo la entrada del sol y limitando las vistas. La contraposición de la fuerza del "gesto" frente a la inquietante inmovilidad de las "cajas" provoca una sensación opresiva; al fin y al cabo tras visitar los "gestos" uno se da cuenta de que vive en una "caja". O dicho de otro modo: después de pasear por el parque, uno debe coger un metro de mierda para volver a su barrio de mierda, donde está su casa de mierda.

Quizás el mejor homenaje sería repetir uno de los gestos que habitan el parque con el brazo al pasar por un lugar determinado, una especie de monumento efímero que tuviera que ser representado por uno mismo sin dejar rastro.

In all areas of the park there is a confrontation between the "gestures" (pergolas and fountains) and the "boxes" (surrounding buildings), intensified in the area closest to the sea, where a series of "fountain-structures", made from the same module placed in different positions coexist with the last batch of houses of the housing estate. While in my early visits these structures had a certain independence from the setting, the new buildings have progressively encroached upon the terrain, obstructing the sunlight and limiting views. The contraposition of the force of the "gesture" versus the disquieting immobility of the "boxes" provokes an oppressive sensation; at the end of the day, after visiting the "gestures" you realise that you live in a "box". Or in other words: after strolling through the park, you have to take the crappy metro to return to your crappy neighbourhood and your crappy house.

Perhaps the best tribute would be to repeat one of the gestures that inhabit the park with your arm on going through a certain place, a kind of ephemeral monument that had to be represented by itself without leaving any trace.

Algunas de las zonas que delimitan el parque están pavimentadas imitando el suelo de baldosas hidráulicas, típico de los interiores del Eixample barcelonés. Sobre el pavimento se han colocado bancos resguardados del sol por pérgolas, creando pequeños espacios de reunión que actúan como salones al aire libre, protegidos de la gran escala del parque. Las pérgolas que sostienen enormes macetas aéreas, elevadas y cubiertas de *trencadís*, remiten claramente al Parque Güell. Gaudí empleó esta técnica por primera vez en el Palau Güell, reutilizando los fragmentos sobrantes durante la construcción para decorar las chimeneas del tejado: una metáfora cristiana de la redención de la materia.

Some of the areas that delimit the park are paved imitating the floor of hydraulic tiles, typical of the insides of the Eixample district of Barcelona. Banks sheltered from the sun by pergolas have been placed on the floor, creating small meeting spaces that act as outdoor rooms, protected from the large scale of the park. The pergolas that hold enormous overhead plantpots, elevated and covered with *trencadís* (mosaic created from broken tile shards), clearly evoke the Güell Park. Gaudí used this technique for the first time in the Palau Güell, reusing the surplus fragments during building to decorate the roof chimneys: a Christian metaphor of the redemption of matter.

'La piedra que los edificadores rechazaron[h] es la que ha llegado a ser la principal piedra angular.

The stone which the builders rejected has become the cornerstone.

La Biblia. NT. Mt. 21:42. Barcelona: Edicomunicación Cop. 1997.

En Diagonal Mar, los arquitectos serigrafían botellas de agua aplastadas o paquetes de chicle arrugados en algunos de los fragmentos del *trencadís* de las macetas, en lo que acaba siendo un homenaje bastante superfluo al origen de esta técnica, un homenaje que no sólo parece un chiste malo sino que además está mal contado.

Unas franjas de diferente grosor pintadas verticalmente, decoran la puerta del garaje del pabellón de los jardineros del parque. Hay cierta vulnerabilidad en el diseño de este elemento, como si el gran tamaño del proyecto sobrepasase el control total de sus elementos y algunos fueran resueltos precipitadamente. La puerta de garaje estándar parece sentirse culpable por su condición cubriéndose con una mano de pintura que busca señalar su originalidad, un tanto forzada, en un ejercicio de sobreactuación. Y es que hay casos en los que el diseño de algunos elementos del parque parece resentirse de excesiva gratuidad, como si estuviéramos mal acostumbrados y exigiéramos la misma intensidad en cada uno de los elementos que componen el proyecto arquitectónico.

In Diagonal Mar, the architects screen-print crushed water bottles or crumpled packs of chewing gum in some of the fragments of the *trencadís* of the plantpots, in what eventually becomes a somewhat superfluous testimonial to the origin of this technique, a homage that does not just seem like a bad joke, but is also told very badly.

Strips of different thickness, painted vertically, decorate the door of the garage of the pavilion of the park gardeners. There is a certain vulnerability in the design of this element, as if the sheer size of the project surpassed the total control of its elements and some were resolved in a hurry. The standard garage door seems to feel guilty about its condition, covered with a coat of paint which seeks to indicate its originality, somewhat forced, almost hamming it up. And there are cases in which the design of some of the park elements seems to be imbued with excessive gratuity, as if we were over-spoilt and demanded the same intensity in each part of the architectural project.

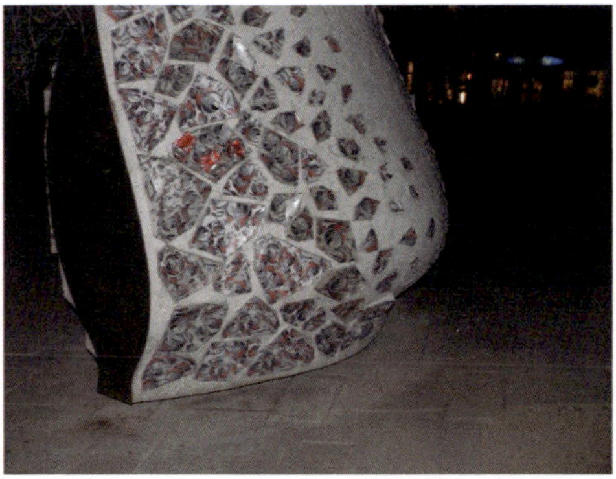

Una de las piezas de mobiliario urbano más interesantes del parque es el banco *Lungo Mare*, un gran bloque de cemento que en realidad no parece ideado para sentarse sino como elemento escultórico. Maurici Pla explica el proceso de ideación del banco. Según él, su origen es el dibujo que Miralles realizó de una tormenta sobre el Atlántico en las costas de Nantuckett en 1979. Posteriormente, el arquitecto transformó el boceto en un objeto donde poder sentarse.

El resultado es un banco que no tiene forma de banco porque no ha sido pensado a partir de la idea de banco y por eso es mucho más que un banco. Además de ser utilizado en el parque de Diagonal Mar, una empresa lo ha comercializado y ocupa el espacio público de diferentes pueblos y ciudades. En cada uno de ellos su significado y utilidad continúa mutando. En Albalate de Cinca, un pueblo de la provincia de Huesca, los habitantes piensan que el banco es una escultura que simula un papel arrugado. Al pedirles que se sienten en él, se ríen como si estuvieran cometiendo un acto vandálico y ocupan el banco un tanto incómodos.

'lungo mare'. Per arribar al banc, Miralles ha hagut de desprendre's de la mesura, de l'escala, de la geometria, de l'emplaçament i de la mateixa noció de projecte.

PLA, Maurici. "Del punt de fuga al "Lungo Mare"". *Informació i debat*. COAC. Julio de 2002, p. 9.

One of the park's most interesting urban fixtures is the *Lungo Mare* bench, a great block of cement which in actual fact does not seem to have been designed to sit on but rather as a sculptural element. Maurici Pla explains the process through which the bench was designed. According to him, its origin stems from a drawing that Miralles made of a storm on the Atlantic coast of Nantuckett in 1979. The architect subsequently transformed the drawing into an object for sitting on.

The result is a bench that does not have the form of a bench because it has not been conceived from the idea of a bench and is therefore much more than a bench. Besides being used in Diagonal Mar Park, a company has marketed it and it occupies public areas in different towns and cities. Its significance and utility continues to mutate in each one. In Albalate de Cinca, a town in the province of Huesca, the inhabitants think that the bench is a sculpture that represents a crumpled paper. On asking them to sit down on it, they laugh as if they were vandalising something and occupy the bench somewhat uncomfortably.

He had to detach himself from measurement, scale, geometry, the site and the very notion of project.

Biblioteca Pública Enric Miralles

Palafolls, Barcelona (España) 1997-2007

La Biblioteca Pública de Palafolls fue proyectada en 1996, aunque no se inauguró hasta el año 2007. En mi primera visita, las obras llevaban tiempo paradas. Sólo se había levantado una estructura metálica, muy parecida a la de los invernaderos cercanos. Parecía un edificio abandonado, de esos que nunca llegan a finalizarse, con pintadas, basura y una pared medio quemada. Tenía el aspecto de una cabaña con una infancia difícil.

Public Library Enric Miralles

Palafolls, Barcelona (Spain) 1997-2007

The Public Library of Palafolls was designed in 1996, although it was not opened until 2007. On my first visit, the work had been stopped for some time. Only a metal structure had been erected, very similar to that of the nearby greenhouses. It seemed like an abandoned building, of the type that never gets finished, with graffiti, garbage and a half-burnt wall. It looked like a log cabin that had had a difficult childhood.

Al contar con una sola planta semienterrada bajo el nivel del suelo, la biblioteca carece de fachada. Desde la lejanía, tan solo puede verse la cubierta forrada de zinc, que se encarga de dotar de peso volumétrico al edificio, sobresaliendo como si se tratara de la tapa de una cazuela. La escala es similar a la de las construcciones de su entorno, por lo que, pese a ser un objeto extraño, no destaca especialmente entre la hilera de casas adosadas y los bloques de cuatro pisos de altura que la rodean en el parque de Les Esplanes, a las afueras de la población.

Al principio me sorprende tener que bordear la construcción para encontrar la entrada, aunque a medida que me acerco, entiendo porqué los arquitectos han escamoteado las puertas, decidiendo encarar la biblioteca hacia unos campos de cultivo en los que el edificio se va deshaciendo materialmente.

Valentí Agustí Bassa, alcalde de Palafolls, me explica que los arquitectos decidieron enterrar el edificio para crear un espacio hermético, donde la gente no se distrajera fácilmente mirando al exterior. La luz natural entra a través de ventanales altos y lucernarios de media esfera que puntúan toda la cubierta.

As it has one floor, semi-embedded under ground level, the library has no facade. From afar, only the zinc-covered roof is visible, which affords the building volumetric weight, projecting like the lid of a casserole dish. The scale is similar to that of the buildings in its immediate setting, whereby, despite being a strange object, it does not particularly stand out from the row of terraced houses and the four-storey high block of flats that surround it in the Les Esplanes park on the outskirts of the town.

I am initially surprised at having to skirt the building to find the entrance, although as I approach, I understand why the architects concealed the doors, deciding to site the library facing farmlands into which the building materially falls apart.

Valentí Agustí Bassa, the mayor of Palafolls, told me that the architects decided to bury the building to create a hermetic space where people would not be easily distracted looking outside. The natural light enters the high windows and semi-spherical skylights dotted across the roof.

Desde el exterior es difícil percibir el alcance y los límites de la construcción. Una serie de muros de hormigón de baja altura pautan toda la zona de acceso. Parecen largos bancos que serpentean ante el edifico y se entrecruzan en algunos puntos, formando pequeños patios. Una suave rampa desciende entre dos de estos muros que ganan altura a medida que avanzamos y sin transición se cubren permitiendo el espacio interno de la biblioteca.

From the outside it is difficult to perceive the scope and the limits of the building. A series of low concrete walls mark the access area. They are like long benches that snake along the front of the building and join up at some points, forming small patios. A gentle ramp leads down between these two walls which become higher as we move along and are eventually covered, forming the internal space of the library.

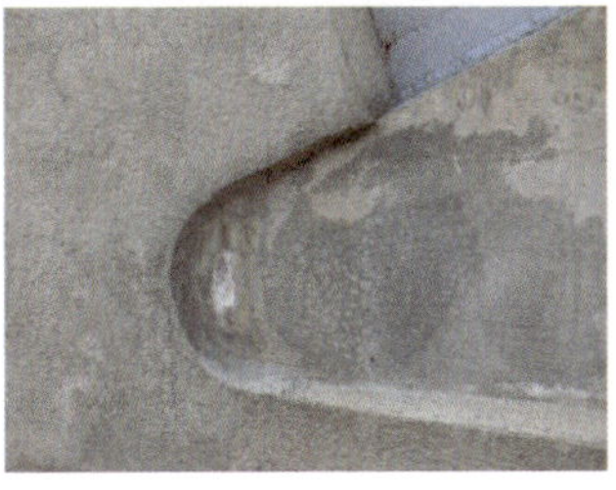

El interior es un espacio diáfano que posibilita ver el techo en su totalidad, fragmentado por los pliegues de diversas curvaturas y rendijas que dejan pasar la luz, dotando de unidad al espacio y confiriéndole una agradable sensación de amplitud.

Las estanterías forran todos los muros del interior y sirven para dividir las diferentes zonas de consulta. El resto de separaciones son muros de un máximo de dos metros de altura, excepto los de la sala polivalente y la zona infantil, los únicos espacios cerrados de la biblioteca.

The inside is a luminous space that exposes the whole ceiling, fragmented by the different-curved folds and slits that let the light through, affording the space unity, and a pleasant sensation of spaciousness.

Shelves line all the inside walls and divide the different reference areas. The other separations are walls with a maximum height of little more than two metres, except those of the general purpose room and the children's area, the only closed space in the library.

Al abandonar la biblioteca observo a tres adolescentes escribiendo en uno de los muros exteriores los nombres de sus novios con el polvo que generan las manchas de humedad. Más tarde, desde la terraza de un bar, observo el Palauet, la miniatura del Palau Sant Jordi que Arata Isozaki proyectó como pabellón de deportes local; en la lejanía se entrevé una parte del edificio de Miralles y Tagliabue. Desde aquí, la biblioteca adquiere una nueva dimensión, parece como si unas tenazas enormes hubieran arrugado la gran cúpula del polideportivo troceándolo para crear la biblioteca.

On leaving the library I see three young girls writing their boyfriends' names on one of the outside walls with the powder generated by the stains of damp. Later, from the terrace of a bar, I take in el Palauet, the miniature of the Palau Sant Jordi which Arata Isozaki planned as the local sports centre; part of the Miralles and Tagliabue building can be seen in the distance. From here, the library takes on a new dimension, it is as if an enormous pair of tongs had crumpled the great dome of the sports centre, dicing it up to create the library.

Escuela de Música de Hamburgo

Hamburgo (Alemania) 1997-2000

La Escuela de Música de Hamburgo, proyectada por Miralles y Tagliabue en 1998 y finalizada en 2000, está situada en una zona acomodada de la ciudad, rodeada de consulados y residencias unifamiliares. El edificio se encuentra escondido en una zona arbolada, de la que sobresale un muro de hormigón que señala el acceso al edificio a través de una pequeña abertura rectangular. En la parte trasera, el edificio se encuentra replegado y escondido entre los árboles, acotando su superficie al espacio libre que dejaban éstos en el solar original. En este proyecto se adivina una cierta fascinación por la idea de bosque, por su densidad, su desorientación, su ritmo y, como en el caso del paseo Prim de Reus, por su apariencia de espacio cerrado, siendo los troncos, las columnas que sostienen las "ramas-techo".

Cada bosque de pinos es como un sanatorio natural, también un salón de música... un cuarto, una vasta catedral de meditación (una catedral sin púlpito, por suerte) abierta a los cuatro vientos, pero con tantas puertas que es como si estuvieran cerradas. Pues ahí vacilan ellos.

PONGE, Francis. *Cuaderno del bosque de Pinos*. Barcelona: Tusquets Editor, 1976. p. 21. Cuadernos marginales, 49

Hamburg School of Music

Hamburg (Germany) 1997-2000

The Hamburg School of Music, designed by Miralles and Tagliabue in 1998 and completed in 2000 is located in a well-to-do area of the city, surrounded by consulates and detached homes. The building is hidden in a woody area, from which a concrete wall juts out, pointing the way to the access to the building through a small rectangular opening. At the back, the building nestles amid the trees, and its surface area matches the free area left by the trees on the original plot of ground. This project hints at a certain fascination with the idea of a forest, due to its density, disorientation, rhythm and, as in the case of the Paseo Prim in Reus, its enclosed space-like appearance, where the trunks are the columns that hold the "roof-branches".

A natural sanatorium, also a music hall... a room, a vast cathedral for meditation open to the four winds, but with so many doors it is as if they were closed.

42
STAATLICHE
JUGENDMUSIKSCHULE

El bosque ha penetrado también en el interior del edificio, donde el diseño y la disposición de los pilares que sostienen la fachada tienen algo de caótico amontonamiento de árboles pelados. Toda la estructura del edificio parece construida con troncos metálicos remitiendo a la idea de cabaña y a las construcciones de madera de la vivienda tradicional alemana.

The forest has also penetrated the building, where the design and layout of the pillars that support the facades resemble a chaotic heap of bare trees. The whole structure of the building seems made of metal logs, evoking the idea of a cabin and the wooden constructions of the traditional German dwelling.

Éste es uno de los primeros proyectos de los arquitectos en los que la construcción se encuentra situada en una zona céntrica de la ciudad y en la que parecen haber dispuesto de un presupuesto holgado. Esto se percibe en los acabados y en cierta incontinencia formal, como la estructura de troncos metálicos o el uso del color en la fachada; un uso que parece recoger las teorías teosóficas que desarrolló Helena Blavatsky. Estas teorías, que tanto influenciaron a Kandinsky y Mondrian en su momento, otorgaban al color implicaciones psicológicas y rítmicas.

Los discípulos de Blavatsky, Besant y Leadbeater, ilustran sus teorías con ejemplos de cómo la música convertida en formas de colores ocupa el espacio arquitectónico. Para describir la música de Mendhelsson, músico originario de Hamburgo, utilizan los mismos colores y formas que Miralles para su escuela:

> Aun en el caso de una melodía tan sencilla como la que nos ocupa, hay matices demasiado delicados para ser reproducidos ni aun de una manera aproximada; cada una de las pequeñas líneas que representan una nota, tiene su color propio, y aunque, en conjunto, las cuatro líneas sean una azul, otra roja, otra verde y otra amarilla, cada una de ellas varía continuamente de color.

BESANT, Annie; LEADBEATER, C.W. *Formas del Pensamiento*. Barcelona: Biblioteca Orientalista, 1927, p.105.

This is one of the architects' first projects in which the building is located in a central area of the city, and where they seem to have enjoyed a comfortable budget. This is perceived in the finishings and in a certain formal incontinence, like the metal log structure or the use of colour on the facade; a use that seems to tap into the theosophical theories developed by Helena Blavatsky, who had so much influence on Kandinsky and Mondrian in their day. These theories attributed psychological and rhythmic implications to colour.

Blavatsky's disciples, Besant and Leadbeater, illustrate their theories with examples of how music converted into forms of colours occupies the architectural space. To describe the music of Mendhelsson, who hailed from Hamburg, they use the same colours and forms as Miralles does for his school:

> Even in the case of a melody as simple as the one in hand, there are nuances that are too delicate to be reproduced even approximately, as each one of the small lines that represent a note has its own colour, and although as an ensemble the four lines are one blue, one red, one green and another yellow, each one of them constantly changes colour.

Aunque en la fachada finalmente sólo hay tres colores, el verde de los árboles siempre está presente, como una línea musical más. Al volver a Barcelona, revisando las monografías sobre Miralles, encuentro un estudio previo de la fachada dónde las líneas son claramente azules, rojas, verdes y amarillas.

Al visitar la escuela en época estival, me encuentro con un edificio semivacío, lo cual no me permite verlo en pleno funcionamiento. Está todo demasiado ordenado, mis fotos se parecen a las de cualquier revista de arquitectura. Tal vez, el hecho de que el edificio siga intacto tenga que ver con el carácter respetuoso propio de la cultura germánica. Es todo demasiado perfecto para mi mórbido gusto. Me voy impacientando, no encuentro nada reseñable. Al salir veo un desagüe disfrazado de pilar pero ni siquiera eso me emociona.

Although ultimately there are only three colours on the facade, the green of the trees is always present; like any other music line. On returning to Barcelona, reading back through the monographs on Miralles, I find a preliminary study of the facade, where the lines are clearly blue, red, green and yellow.

On visiting the school in summertime, I encounter a semi-empty building, which means I cannot see it fully operational. It is all too tidy, my photos are like those of any other architecture journal. Perhaps, the fact that the building is still intact is related to the respectful nature of the Germanic culture. It is all too perfect for my morbid taste. I start to get impatient, I find nothing noteworthy. As I leave I see a drain disguised as a pillar, but not even that moves me.

Ayuntamiento de Utrech

Ultrech (Holanda) 1997-2000

El Ayuntamiento de Utrecht parece un yacimiento arqueológico abandonado a mitad de las excavaciones tras la reforma que Miralles realizó entre el año 1997 y 2000. El edificio ya había sufrido anteriores transformaciones y una de las primeras decisiones tomada por Miralles y Tagliabue consistió en derruir parte de una ampliación realizada en los años cuarenta a fin de habilitar la apertura de una plaza desde la que actualmente se accede al edificio.

City Hall of Utrech

Ultrech (Holland) 1997-2000

The City Hall of Utrecht is like an archaeological site abandoned in mid-dig after Miralles' reforms between 1997 and 2000. The building had already undergone previous transformations, and one of the first decisions taken by Miralles and Tagliabue was to destroy part of an extension made in the nineteen forties to open up a square which currently provides access to the building.

Cuando empiezas a trabajar en un casco histórico sientes que no es el sitio lo que es periférico, sino el tiempo. El tiempo se convierte en periférico cuando empiezas a trabajar con edificios del siglo XVI: son los límites de lo actual. Aquí lo que sucede es que los estratos de tiempo son los que no puedes identificar con precisión, y hay que volver a redefinirlos.

MIRALLES, Enric. "Escuela de Música de Hamburgo". *El Croquis*. nº 100-101, p. 262. En: *Mapas Mentales y paisajes sociales*. Madrid: El Croquis Editorial, 2002.

Working on the fringe allows you to decide on which side of the line you will stand, if you remake the city or you are more interested in shaping that limit in a more abstract way. When you start to work in the old part of a town or city you feel that it is time, rather than the place, that is on the fringe. (...) Here, what happens is that you cannot identify time strata with precision, you have to redefine.

Al entrar en el Ayuntamiento, me encuentro ante un amplio vestíbulo de doble altura. Las paredes están llenas de cuadros, dibujos y esculturas en aparente desorden. La mayoría de ellos son retratos históricos de ciudadanos relevantes, colocados sin jerarquía alguna, mezclando diferentes etapas políticas vividas en el edificio, con el mismo desorden con el que se mezclan los sustratos de la pared de la que cuelgan. Una pared parcialmente rascada que exhibe en algunos tramos la construcción de ladrillo o capas de pintura anteriores, retomando esa intención de mostrar las diferentes capas temporales que atesora el edificio desde su construcción.

Subo una escalera bordeada de grandes ventanales que me permiten echar un rápido vistazo a la ciudad antes de entrar al salón de plenos. Aquí, las paredes también han sido rascadas y se ha ganado altura al derruirse el techo que lo separaba del piso superior, aunque se han conservado las robustas vigas de madera que lo soportaban.

On entering the City Hall, I come upon a double-height and spacious hall. The walls are full of paintings, drawings and sculptures in apparent disorder. Most of them are historic portraits of relevant citizens, hung haphazardly, mixing the building's different political stages, with the same untidiness with which the substrates of the wall they hang from are mixed. A partially scraped wall, where some stretches show traces of brick or previous coats of paint, revisiting the intention of showing the different layers of time the building has treasured since it was built.

I take a flight of stairs flanked by large windows that give me a rapid glimpse of the city before I enter the plenary room. The walls have also been scraped here and height has been gained through the demolition of the roof that separated it from the top floor, although the rugged wooden beams that supported it have been conserved.

En todo el edificio se aprecia la lucha entre el respeto por la antigua estructura y la colocación de nuevos elementos: las diferentes capas de las paredes, la moldura que ha perdido su centro en el techo y parece flotar, o las vigas que, al no aguantar ningún peso, deben acoplarse a una nueva situación en la que se redefine la antigua jerarquía. Si para explicar la renovación del Círculo de Lectores, Miralles se remite a las transformaciones de los dibujos de Garcia-Lorca, aquí podría haber pensado en las *Transparences* de Picabia.

The whole building reveals the struggle between respect for the old structure and the placement of new elements: the different layers of the walls, the moulding that has lost its centre in the ceiling and seems to float, or the rafters which, since they can no longer bear weight, must adapt to the new situation in which the old hierarchy is being redefined. If to explain the refurbishing of the Círculo de Lectores Miralles used the transformations of the drawings of Garcia-Lorca, here he might have thought about the *Transparences* of Picabia.

En un extremo del salón de plenos parece que el marco de una puerta haya abandonado su función, escapando para asomarse al salón, como si alguna extraña fuerza lo hubiera elevado o como si, al contrario, se hubiera detenido en un momento anterior a su colocación definitiva. Y es que a medida que uno profundiza en el trabajo de Miralles, va descubriendo guiños, ejercicios donde se intenta forzar la función y construcción de los objetos: la puerta que es una esquina, el pilar que está dentro y fuera, la pared que sale de la puerta y muchos otros que pasan desapercibidos, escondidos, forzados a ser algo de otro modo.

At one end of the plenary room, the frame of a door seems to have abandoned its function, escaping to peer out into the salon, as if some strange force had raised it or as if, on the contrary, it had halted instants before its definitive installation. And the fact is that as one probes into the work of Miralles, one discovers nods, exercises where an attempt is made to force the function and construction of the objects: the door that is a corner, the pillar that is both inside and outside, the wall that emerges from a door and a great many others that go unnoticed, hidden, somehow obliged to be something different.

En una entrevista publicada por la revista *El Croquis*, Miralles se refiere al Taller Oulipiano, grupo de escritores y matemáticos, fundado en 1960 por Raymond Queneau, en el que se llevaron a cabo complicados ejercicios literarios. Marcarse estrictas normas y restricciones servía de motor creativo (*La Disparition* de Georges Perec, una novela escrita evitando el uso de la vocal "e", fue la obra más reconocida creada mediante este sistema). Al observar el marco del salón de plenos, la sujeción de la escalera en Hostalets, o los pilares de la fachada de la Escuela de Música en Hamburgo, sospecho que en algunos de sus proyectos Miralles parece haberse planteado un reto semejante. Forzándose a evitar el uso de elementos o materiales determinados, habría creado sus propias normas para trabajar el potencial de la arquitectura.

Tras abandonar el Ayuntamiento, lo rodeo para darle una última ojeada y descubro que la antigua entrada al edificio se ha transformado en el ventanal del bar, situado en la planta baja; otro ejemplo de cómo los arquitectos reordenan el edificio, modificando el uso de sus elementos originales, sin reemplazarlos, simplemente acoplándose a ellos.

In an interview published by the journal *El Croquis*, Miralles refers to the "Oulipiano workshop", a group of writers and mathematicians founded in 1960 by Raymond Queneau which carried out complicated literary exercises. They set themselves strict procedures and restrictions to act as a creative drive (*La Disparition* by Georges Perec, a novel written avoiding the use of the vowel "e", was the most recognised work created by means of this system). On observing the frame of the plenary room, the way the stairs are secured in Hostalets, or the pillars of the facades of the Music School in Hamburg, I suspect that Miralles might have taken up a similar challenge in some of his projects. By obliging himself to avoid using certain elements or materials he would have created his own procedures to work on the potential of the architecture.

After leaving the City Hall, I walk round it to take one last look and discover that the old entrance to the building has been transformed into the bar window, located on the ground floor; another example of how architects replan the building, modifying the use of its original elements, without replacing them, simply adapting to them.

Mercado de Santa Caterina

Barcelona (España) 1997/99-2005

En el caso del Mercado de Santa Caterina, proyectado en 1996 e inaugurado el año 2005, los arquitectos se enfrentan de nuevo a la renovación de un edificio preexistente. En este caso enfatizan la idea de una renovación que se acopla sobre el antiguo recinto, respetando el perímetro de la fachada. La renovación se entrelaza con la biografía del arquitecto, sus abuelos vivían en la calle Wellington y de pequeño acompañaba a su abuela a este mercado. Inevitablemente el proyecto de reforma tiene algo de jugar con la memoria y transformar el recuerdo, modificando aquello que uno ha visto y usado de pequeño. Aquí Miralles lo hace siguiendo dos direcciones: excavando el terreno para desenterrar el antiguo monasterio situado bajo el mercado y construyendo una gran cubierta sobre éste.

Market of Santa Caterina

Barcelona (Spain) 1997/99-2005

In the case of the Market of Santa Caterina, planned in 1996 and officially opened in 2005, once again the architects tackle the renovation of an existing building. In this case they highlight the idea of a refurbishing that is adapted to the old premises, observing the perimeter of the facades. The refurbishing links up with the architect's biography, his grandparents lived in calle Wellington, and when he was young he used to accompany his grandmother to this market. Inevitably, the refurbishing project somehow plays with that memory and transforms it, modifying what we sawand used when we were young. Here Miralles does so in two senses: by excavating the terrain to dig up the old monastery located under the market and by building a huge roof on it.

Los arquitectos se han dedicado a gestionar los diferentes ritmos temporales que confluyen en este recinto: desde los restos de un antiguo convento, el edificio del mercado erigido en el año 1844 y la renovación actual. Estos ritmos acaban acoplándose los unos a los otros y funcionan al unísono como si de una maquinaria de reloj se tratara. Esta permeabilidad temporal se percibe en la entrada del recinto, donde las cerchas de la antigua construcción van siendo reinterpretadas en el techo de la reforma, en un juego de sucesivas deformaciones, entre las que se ha colocado una pequeña imagen de Santa Caterina. Esta permeabilidad también era espacial, el muro exterior no llegaba a la cubierta dejando una abertura que posteriormente tuvo que ser cerrada con cristales para que no entraran palomas al recinto.

The architects engaged in managing the different paces of time that converge in these premises: from the remains of an old convent, the building of the market in 1844 and the current refurbishing work. These rhythms eventually adapt to each other and work like the mechanism of a clock. This time permeability is evident at the entrance to the venue, where the trusses of the old construction are reinterpreted on the refurbished roof, in a series of deformations, between which a small image of Saint Catherine has been placed. This permeability was also spatial, the outside wall did not reach the roof, leaving an opening which subsequently had to be closed with glass to stop pigeons from entering.

SOTO
FRUITES VERDURES

Algunos elementos del edificio original se resisten a la renovación, como si fueran demasiado viejos para cambiar de costumbres. Sucede con la fachada del edificio original, que expulsa la nueva capa de pintura mediante grandes manchas de humedad, quitándose el maquillaje de encima. Contrariamente, algunos elementos nuevos parecen antiguos, como el mural de la parte trasera o el edificio de viviendas para gente mayor que se levanta en la parte trasera del mercado. Las antiguas pilas para desalar el bacalao incrustadas en la pared se parecen de lejos a aquellos portales *setenteros* decorados con baldosas.

Some elements of the original building resist refurbishing, as if they were too old to change their ways. It happens with the facade of the original building, which sheds the new coat of paint through large patches of damp, as if removing extraneous make-up. On the contrary, some new elements seem to be old, such as the mural of the rear part of the building of houses for the elderly that is being built at the back of the market. The old fonts for desalting cod, embedded in the wall, from a distance seem like those "seventies" front halls decorated with tiles.

Reformes al mercat de Santa Caterina

■ Vull felicitar Benedetta Tagliabue per haver pogut desenvolupar els seus projectes arquitectònics i urbanístics a Barcelona, alguns d'ells iniciats amb el seu recordat company i col·lega Ricard Miralles. El parc de Diagonal Mar i el mercat de Santa Caterina en són dos exemples.

Però una de les responsabilitats de l'arquitecte director d'un projecte és el seguiment de l'obra i més encara si aquesta és singular tant per la ciutat com per la carrera de l'arquitecte. I em fa l'efecte que, en el cas del mercat de Santa Caterinia, l'ha descuidat.

Coronant l'antiga façana, just sota la coberta al·legòrica que van dissenyar, hi ha la balustrada. A la dreta, les balustres estan capiculades donant un aspecte estrany, però que hom pot pensar que és per allò de la innovació. Però a partir del novè cos de balustres i fins a l'extrem oposat –el del carrer Álvarez de Castro–, aquestes estan totes del dret. Així es té la certesa que les primeres s'han col·locat malament. Si no fos així, l'estètica del projecte no seguiria cap cànon, ni pretèrit ni actual. Comprenc que referho té un cost, però en la globalitat de l'obra és insignificant. En canvi, la pífia quedarà per sempre.

Em sabria greu que per una petitesa com aquesta, l'obra del mercat quedés mal acabada. De ben segur que més d'un cronista li ho recordaria. Per això i ara que encara hi són a temps, li suggereixo que doni les instruccions oportunes per a desfer aquest mal d'ulls.

JORDI ESGLEAS GIMÉNEZ
Barcelona

ESGLEAS, Jordi. "Reformes al mercat de Santa Caterina". *La Vanguardia*. Cartas de los lectores, 26 Julio 2004, p. 24.

Crowning the old facade, just under the allegorical roof they designed, is the balustrade. On the right, the balusters run parallel, albeit facing opposite directions, affording it a strange look, although one might think it is an innovation strategy. But as of the ninth body of balusters, and as far as the opposite end – of the street known as Álvarez de Castro -, they are all on the right. We are thus certain that the first ones were placed wrongly. If this were not the case, the aesthetic nature of the project would not subscribe to any standard, present or past. I understand that redoing it has a cost, but it is insignificant in the work overall. On the other hand, the glaring mistake lives on forever.

La rampa del garaje está cubierta por una losa de hormigón sin pulir, como en la mayoría de garajes de la ciudad, aunque en este caso está abierta por un lateral para que la luz natural pueda penetrar. Parece que no esté acabada, o que algún Matta-Clark hubiera serrado la cubierta para hacer más amable un espacio tan sórdido.

The garage ramp is covered by a roughcast concrete slab, as in most of the garages of the city, although in this case it is open on one side so that the natural light can penetrate. It seems unfinished, or perhaps some Matta-Clark would have sawn off the top to make such a sordid space more pleasant.

El elemento más espectacular de la reforma del mercado es la cubierta ondulante de cerámica multicolor, visible únicamente desde los pisos superiores de los edificios que lo rodean. El techo les pertenece y actúa como una especie de espejismo al reflejarse en sus ventanas y balcones. Este juego de reflejos amplifica la extrañeza que provoca el edificio en un entorno degradado (en parte, a causa del retraso de las obras del propio mercado) que debe acostumbrarse al nuevo edificio. Aquí se produce un juego inverso al realizado en las instalaciones de competición del campo de tiro. Si en aquel caso, el edificio se insertaba en su entorno siguiendo una estrategia de reflejo con los edificios de alrededor, aquí son los edificios quienes deben aclimatarse a la presencia de este nuevo edificio, obligados a reflejarlo.

The most spectacular element of the refurbishing of the market is the undulating multicolour ceramic roof, visible only from the top floors of the surrounding buildings. The roof belongs to them and is like a mirage reflected in their windows and balconies. These reflections heighten the strangeness provoked by the building in a degraded environment (partly due to the delay in the work on the actual market) which has to get used to the new building. Here it is the opposite to what was done in the competition installations of the archery field. While in that case the building was inserted into its setting following a strategy of reflection with the buildings around it; here it is the buildings that have to get accustomed to the presence of this new building, they are obliged to reflect it.

Aularios de la Universidad de Vigo

Pontevedra (España) 1999-2003

Los Aularios de la Universidad de Vigo diseñados por Enric Miralles y Benedetta Tagliabue en 1999 e inaugurados en 2006, se sitúan sobre un monte, desde donde se observan las diferentes facultades diseminadas por la ladera. La construcción corona la cima como una especie de remate, una moldura ondulante construida sobre una multitud de pilares que resguarda una plaza en su interior y que en uno de sus extremos se abre para acoger la zona deportiva. Parece como si el edificio se asomara al paisaje de puntillas, para verlo mejor.

Lecture rooms of the University of Vigo

Pontevedra (Spain) 1999-2003

The Lecture rooms of the University of Vigo, designed by Enric Miralles and Benedetta Tagliabue in 1999 and officially opened in 2006 stand on a mountain where the different schools can be seen peppered over the hillside. The building crowns the summit as if it were the finishing touch, an undulating mould erected on a multitude of pillars that protect a square inside it and which, at one of its ends, opens out to house the sports area. It is as if the building were standing on tiptoes to get better look at the landscape.

Como en proyectos anteriores en los que los límites de las construcciones suelen ser imprecisos y parecen responder a un interés por irse desocupando, en el edificio de los aularios la mirada puede asimismo hacer un recorrido hasta que el edificio va desapareciendo por un costado. Como si estuviera preparado para esta mirada, éste se va desnudando, desapareciendo paulatinamente, centímetro a centímetro, hasta que sólo queda un esqueleto, una imagen esquemática de lo que fue. Y en esos breves segundos que se tarda en recorrer un edificio con la mirada al girar la cabeza de un extremo al otro, se diría que el tiempo se torna una forma que se desplaza descomponiéndose en ese movimiento.

As in previous projects where the limits of the buildings seem to be imprecise and appear to convey an interest in vacating themselves; in the lecture room building you can look on and on until the building gradually disappears along one side. As if ready for this gaze, the building divests itself, disappearing gradually, centimetre by centimetre, until only a skeleton is left, a schematic image of what it was. And in the brief seconds that it takes to look at a building by moving your head from one side to the other, it might be said that time becomes a form that moves and decomposes in that very same movement.

Al entrar en los aularios, subiendo unas escaleras deudoras de las de Camy-Nestlé, nos encontramos en el interior de un amplio “pasillo-galería” que por un lado conecta todas las estancias y por otro se abre al paisaje mediante unos grandes ventanales, que van encuadrando las vistas, casi agarrándolas. En algunos tramos tienen acopladas unas celosías que filtran el exterior y recuerdan a aquellas que se colocan en las fachadas de los conventos de clausura para que los monjes o monjas no se distraigan de sus quehaceres.

El proyecto incluye también una zona comercial que se encuentra junto a la cima de la montaña, protegida del viento por el edificio de los aularios. En su interior se encuentran los comedores universitarios y unas cuantas tiendas, espacios de consumo en los que la arquitectura desaparece. Es un lugar un tanto oscuro, muy sencillo en cuanto a materiales y recorridos. Una simplicidad potenciada por el diseño de algunos elementos, como las luces: sencillos portalámparas (como los del quiosco de las flores del cementerio de Malmö diseñado por Lewerentz).

On entering the lecture rooms by ascending some stairs like the Camy-Nestlé ones, we come into the inside of a roomy “corridor-gallery” which on one side connects all the rooms and on the other it opens up to the landscape by means of large windows, which frame the views, almost gripping them. In some sections there are lattices that filter the outside and are reminiscent of the ones placed on the facades of enclosed convents so that the monks or nuns do not get distracted.

The project also includes a commercial area, which stands next to the summit of the mountain, sheltered from the wind by the lecture room building. It houses the university dining rooms and a few shops, consumption spaces where the architecture disappears. It is a rather dark place, very simple in terms of materials and routes. A simplicity bolstered by the design of certain items, such as the lights: simple lamp holders (like those of the flower kiosk of the cemetery of Malmö designed by Lewerentz).

En las paredes de hormigón se conservan las huellas de los listones de madera utilizados durante el encofrado. Este deseo de mostrar el rastro de la madera en el hormigón, un cuerpo vivo en otro inerte, me recuerda a uno de los primeros intentos de introducir la vida en el arte. Para realizar el conjunto escultórico de la Fachada del Nacimiento de la Sagrada Familia se hicieron moldes a partir de gallinas vivas. Así, aquello que las mató acaba otorgándoles la eternidad. Son el grado cero del modernismo y sus ansias por incluir la naturaleza sin intermediarios.

En Vigo, los rastros de madera no tienen nada que ver con Le Corbusier ni los arquitectos del movimiento moderno, pero sí con esas gallinas fotografiadas por Opisso.

The concrete walls retain the marks of the wooden planks used during forming. This desire to show the trail of the wood in the concrete, one living body inside another inert one, reminds one of the better attempts to introduce life into art. In order to execute the sculptural element of the Facade of the Birth of the Sagrada Familia, moulds were taken from live hens. Thus, that which killed them also granted them eternity. They are the zero degree of modernism and its anxiety to include nature without intermediaries.

In Vigo, the traces of wood have nothing to do with Le Corbusier or the architects of the modern movement, but they do with the hens photographed by Opisso.

Opisso, Ricard (atribución). *ca.* 1892-1900.

Edificio de Gas Natural

Barcelona (España) 1999-2008

El edificio de Gas Natural, diseñado por Miralles y Tagliabue en 1999 y finalizado en 2006, se encuentra en el barrio de la Barceloneta, en el mismo emplazamiento donde se construyó la primera fábrica de gas de España.

El volumen cambiante del edificio varía según el ángulo de visión, adaptándose a su contexto más inmediato: el barrio, las cercanas torres olímpicas, el puerto y el parque de la Ciutadella.

En un artículo recogido en el libro *Contra la incontinencia urbana*, Oriol Bohigas explica que Miralles se inspiró en una piedra encontrada en la playa para realizar la volumetría del edificio en un ejercicio de sugestión en el que la piedra sirve como punto de partida para inventar otra cosa completamente diferente. Un ejercicio de ver más allá de lo tangible que tiene una gran tradición en Cataluña. Desde las composiciones de Angel Ferrant realizadas a partir de guijarros, conchas y otros residuos marinos hasta los *Poemes de pedra* de J.V. Foix, elaborados a partir de piedras recogidas por el poeta en el Cap de Creus. Experiencias que buscan la complicidad de objetos azarosos para anclar la imaginación.

Natural Gas Building

Barcelona (Spain) 1999-2008

The Natural Gas building, designed by Miralles and Tagliabue in 1999 and completed in 2006, is in the neighbourhood of la Barceloneta, in the same site where the first gas plant in Spain was built.

The changing volume of the building varies according to the angle of vision, adapting to its most immediate context: the neighbourhood, the nearby Olympic towers, the port and the park of la Ciutadella.

In an article included in the book *Contra la incontinencia urbana*, Oriol Bohigas explains that Miralles drew his inspiration from a stone found on the beach to execute the volumetry of the building, in an exercise of suggestion in which the stone serves as a point of departure to invent something completely different. An exercise in seeing beyond the tangible, which has a longstanding tradition in Catalonia. From the compositions of Angel Ferrant, created from pebbles, shells and other marine debris to the *Stone poems* of J.V. Foix, created from stones collected by the poet in Cap de Creus. Experiences that seek the complicity of random objects to anchor the imagination.

El gran volumen del edificio está totalmente recubierto por una piel de cristal, elaborada a partir de cinco tipos diferentes de vidrio reflectante. Aquí, el edificio desaparece tras los reflejos, que en algunas zonas de la fachada son reflejos de sí mismo, lo que genera un extraño bucle en el que el propio edificio parece diluirse. Este cubrimiento, tan difuso como el producto que comercializa la empresa que lo ocupa, se erige como imagen de la Barcelona contemporánea, un símbolo en el que la ciudad se refleja sin ofrecer algo más allá del propio destello, autocomplaciente, encerrada en un círculo infinito del que aún no ha salido.

La trayectoria profesional de Miralles está íntimamente ligada a la historia de su ciudad. En su obra se puede detectar lo mejor y lo peor que le ha sucedido a Barcelona en estas últimas décadas: su resurgimiento y creatividad, pero también sus excesos y errores. Actualmente, la ciudad está sumida en una búsqueda voraz e incesante de novedades, una carrera esquizofrénica hacia su constante reinvención y acelerado olvido. El derribo de las instalaciones de competición del campo de tiro en otoño de 2008 es una de las consecuencias más lamentables de esta estrategia.

The great volume of the building is fully lined by a layer of glass, made from five different types of reflecting glass. Here, the building disappears behind the reflections, which in some areas of the facades are reflections of itself, which generates a strange loop in which the actual building seems to be diluted. This coating, as diffuse as the product marketed by the Company that occupies it, constitutes an image of contemporary Barcelona, a symbol in which the city is mirrored, offering nothing but its own self-complacent sheen, enclosed in an infinite circle from which it has yet to emerge.

Miralles' professional career is closely linked to the history of his city. His work evinces the best and the worst that has happened to Barcelona in these last decades: its resurgence and creativity, but also its excesses and errors. Currently, the city is immersed in a voracious and incessant search for novelties, a schizophrenic race towards its constant reinvention and accelerated oblivion. The demolition of the competition installations of the archery field in Autumn 2008 is one of the most regrettable consequences of this strategy.

ROTURAS

Un arquitecto puede y suele sufrir muchos tipos de roturas, por supuesto algunas más traumáticas que otras ya que, sin duda, que un proyecto finalmente no gane un concurso o no llegue a ejecutarse constituye una rotura.

Imposible saber qué pensaría Miralles frente a las obras de la Universidad de Arquitectura de Venecia que permanecen paradas. Una obra en la que las máquinas excavadoras parecen condenadas a esperar eternamente el inicio de aquella danza mecánica que precede a la quietud geométrica del edificio terminado.

Paso a menudo ante las puertas cerradas del Palau Finestres y para mí es como si el proyecto estuviese allí dentro, invisible.

MIRALLES, Enric. *Enric Miralles: Obras y Proyectos.* Tagliabue, Benedetta (coord.). Madrid: Electa, 1996, p. 64. Documentos de arquitectura.

BREAKAGES

An architect can and does suffer many types of breakages, some more traumatic than others, naturally, since the fact that a project does not finally win a contest or ever be executed is undoubtedly a breakage.

Nobody knows what Miralles might think on seeing that work on the University of Architecture of Venice had been halted. A site where the diggers seem doomed to eternally wait to initiate the mechanical dance that preludes the geometric serenity of the finished building.

I often walk through the closed doors of the Palau Finestres, and it is as if the project were still there, invisible

Otras roturas tienen que ver con lo que les sucede a los edificios una vez construidos. Aquellas roturas provocadas por actos vandálicos (ese extraño afán de destrucción) o simplemente por el paso del tiempo, un vendaval o incluso un rayo. Roturas físicas que llevan al desmantelamiento del paseo Prim de Reus o a la desaparición de sus antiguos estudios en la calle Carabassa y Avinyó. Y es que alguien dijo que el problema no es que no sepamos qué hacer con el espacio, sino que lo que ignoramos es qué hacer con el tiempo. Una reflexión que planea sobre todas las obras de Miralles de un modo tan inquietante como el ángel hallado en una de las paredes de su casa.

Other breakages are related to what happens to buildings once they have been built. Breakages caused by vandals (that strange destructive drive) or simply by the passing of time, gales, or even a lightning bolt. Physical breakages leading to the dismantling of the Paseo Prim in Reus or the disappearance of his former studios in the streets of Carabassa and Avinyó. Someone once said that the problem is not that we do not know what to do with space, but rather that we do not know what to do with time. A thought that hovers over all of Miralles's work, disquieting, like the angel found in one of the walls of his home.

Ésta es la historia de un esfuerzo y una desbandada, pero hay algo que no consigo entender. Es como ver un avión parado en el cielo. O como aquel Palacio de los Deportes cuya cubierta de hierro se desplomó. Ocurrió hace varios años, en una ciudad de provincias. A las cuatro de la madrugada cedió uno de los cables de acero que la sostenía y la cubierta cayó sobre las gradas. Sé que fue así pero, si trato de imaginarlo, veo la cubierta suspendida en el aire. El cable de acero que la sostiene ha cedido, la cubierta va a desplomarse, la cubierta *tiene* que desplomarse y sin embargo sigue ahí, en el cielo, porque algo que no encaja me impide visualizar el segundo siguiente: no alcanzo a oír el estrépito, no concibo el amasijo de hierros puntiagudos del que todos han hablado sino que, si cierro los ojos, sólo veo la cubierta, y me doy cuenta de que los cables se han roto pero, cómo explicarlo, el poderío de ese techo privado de sujeción me paraliza.

GOPEGUI, Belén. *Tocarnos la cara*. Barcelona: Anagrama, 1995, p. 11.

This is the story of an effort and a disintegration, but there is something I fail to understand. It is like seeing a plane motionless in the sky. Or like the Sports Palace whose iron roof caved in. It happened several years ago, in a provincial city. At four in the morning, one of the supporting steel cables gave way, and it crashed into the stands. I know how it happened, but if I try to imagine it, I see the ceiling suspended in the air. The steel cable that holds it in place has given way, the ceiling *must* cave in, but it is still there, nevertheless, in the sky, because something that is not right prevents me from seeing the next second: I cannot hear the crash, I cannot conceive the mass of jagged irons everyone has talked about, but rather, if I close my eyes, I see only the ceiling, and I realise that the cables have broken but, I know not how to explain this, I am paralysed by the force of that roof, held in place no longer.

Pero las roturas que un arquitecto jamás querría sufrir, las peores, son las reales, las que tienen que ver con el derrumbamiento inesperado de uno de sus edificios. Eso es lo que sucedió el 13 de abril de 1993 a las 4 de la madrugada, cuando uno de los cables que soportaban la cubierta del palacio de deportes de Huesca cedió, provocando su caída. Las obras estaban a punto de terminar cuando ocurrió el accidente al que siguió un largo proceso judicial en el que la responsabilidad del derrumbamiento se atribuyó a la empresa constructora. A pesar de la rápida reacción del estudio, que terminó la obra el año siguiente, surgieron innumerables críticas sobre el trabajo del arquitecto y la viabilidad técnica de sus proyectos, por lo que este derrumbamiento supone un punto de inflexión en su carrera.

But the breakages that an architect would never want to have to bear, the worst ones, are the real ones, those related to the unexpected collapse of a building. That is what happened on April 13, 1993, at four in the morning, when one of the cables that sustained the roof of the sports centre of Huesca gave way, causing it to fall. Work was nearing completion at the time of the accident, which was followed by lengthy legal proceedings, in which responsibility for the collapse was eventually attributed to the builder. Despite the studio's swift reaction, completing the commission the following year, numerous criticisms were levelled at the work of the architect and the technical feasibility of his projects, whereby this collapse constituted a turning point in his career.

Al propio tiempo, el derrumbamiento simboliza un fracaso del espíritu frente a la materia, una derrota de la voluntad de innovación frente a la convención constructiva, y un naufragio de la libertad frente a la costumbre. Enric Miralles habrá envejecido diez años en una noche, y su arquitectura y él mismo habrán perdido para siempre la inocencia. Huesca ha sido el *Challenger* de la deconstrucción, y la sociedad tiene derecho a exigir el esclarecimiento de las responsabilidades. Pero nada podrá detener la voluntad del espíritu humano de forzar los límites de lo posible. En este fin de siglo, la belleza es convulsa, y el arte, un juego serio.

At the same time, the collapse symbolises the failure of spirit versus matter, of the will to innovate succumbing to constructive convention, of freedom losing out to custom. Enric Miralles must have aged ten years in one night, and he and his architecture lost their innocence forever. Huesca was reconstruction's *Challenger,* and society is entitled to seek accountability. But nothing can halt the human spirit's drive to push the limits of what is possible. Now, at the end of the Century, beauty is convulsive, and art is a serious game.

FERNÁNDEZ-GALIANO, Luis. "La Belleza convulsa". *El País*, 23 de abril de 1993. p. 37.

Archivo de Huesca

Al preparar una exposición sobre Miralles, me pareció fundamental incluir una maqueta del derrumbamiento, un momento clave para entender la trayectoria del arquitecto. Me interesaba contraponer la idea que se tiene de estas pequeñas reproducciones como estudios previos a la construcción de un edificio a través de la maqueta de un súbito colapso. El artista Txuma Sánchez se hizo cargo de representar el desastre a partir de fotografías. Reproducir un suceso fortuito resultó complicado y la tarea finalizó al venirse abajo el techo de la cocina del artista.

On preparing an exhibition on Miralles, I thought it would be fundamental to include a model of the collapse, a key moment in the understanding the architect's career. I wanted to offset the idea that people have of these small reproductions as preliminary studies in the construction of a building using the model of a sudden collapse. The artist Txuma Sánchez represented the disaster photographically. Reproducing a chance event is complicated, and the task ended when the ceiling of the artist's kitchen caved in.

La última rotura, y la más dolorosa, fue la de su prematura muerte. En marzo del año 2000 se le detecta un tumor cerebral. Poco después, viaja a Houston para empezar un tratamiento. Muere el 3 de julio del mismo año en Sant Feliu de Codines.

The last breakage, and the most painful one, was his premature death. In March 2000 he was diagnosed with a brain tumour. Shortly afterwards he travelled to Houston to begin treatment. He died on July 3 of the same year in Sant Feliu de Codines.

Vivir, al final era eso

Por supuesto, me hubiera gustado visitar alguna de las viviendas que construyó el arquitecto. Ese es mi deseo incumplido: poder vivir en una de sus obras durante un largo periodo de tiempo. Habría sido mucho mejor que acercarme a todos estos edificios, siempre de paso. Así, este trabajo habría girado en torno a las pequeñas reparaciones que en ella haría, a los ejercicios de bricolaje, al amueblamiento de la casa, al cuidado del jardín o a la anotación sistemática de todos los insectos hallados en él (un poco como ese diario que Alison Smithson realizó en el *Upper Lawn*). Haber disfrutado de momentos de calma en al menos uno de sus edificios. Y en esa calma habitar de otro modo sus construcciones.

Pero no fue posible. Me acerqué a varias de sus casas sin poder franquear su acceso. En algunos casos las busqué infructuosamente en zonas residenciales, en otros casos, una especie de pudor me impidió llamar a la puerta, como si la magia de esos espacios fuera a quebrarse en el mismo instante en que entrara en ellos.

No es ésa la razón por la que no he ido al Parlamento de Escocia. Desde su inauguración he planeado varias veces el viaje, hasta que llegó un momento en el que simplemente creí pertinente postergarlo indefinidamente. Miralles decía que la mejor manera de que los edificios no entraran en decadencia era dejarlos inacabados. Del mismo modo, prefiero dejar este libro inacabado, para que no termine nunca...

In the end it is about living

Of course I would have liked to visit some of the houses the architect built. It is my unfulfilled desire: be able to live in one of his works for a long time. It would have been much better than going to see all these buildings, always passing through. Thus, this work would have been about the small repairs and odd jobs I would make in it, DIY, furnishing the house, looking after the garden or systematically noting down all the insects found in it (a bit like the diary that Alison Smithson kept in *Upper Lawn*). I would like to have been able to enjoy some moments of peace and quiet in at least one of his buildings. And thus inhabit his buildings in a different and serene way.

But that was not possible. I actually went to several of his houses but never made it into any of them. In some cases I vainly looked for them in residential areas, on other occasions a kind of modesty deterred me from knocking at the door, as if the magic of those places would be broken as soon as I entered.

That is not why I did not visit the Scottish Parliament. Since it was opened I have planned several trips there, until there came a time that I decided to put it off indefinitely. Miralles used to say that the best way to prevent buildings from decaying was to leave them unfinished. And in the same way, I would rather leave this book unfinished, so that it may never end...

Epílogo

Martí Manen

La parada de metro es Skogskyrkogården. El cementerio del bosque. Asplund. El cementerio está a las afueras de Estocolmo. Justo en la zona vacía entre las islas centrales de la ciudad y los espacios que ya hace muchas décadas se empezaron a construir siguiendo las teorías de la arquitectura moderna y el modelo de la sociedad del bienestar. Los barrios que Le Corbusier soñó positivamente y que algunos constructores del sur del Mediterráneo se dedicaron a convertir en una pesadilla.

La estación está al aire libre. Hace bastante frío, hay un poco de nieve por todas partes. Desde la estación de metro se ven las típicas tiendas que se encuentran camino a los cementerios: flores y lápidas, dos tipos de muestrarios para expresar lo mismo, la necesidad de hacer perdurar la memoria, la lucha frente al olvido.

Salimos de la estación y giramos a la derecha. Un corto paseo arbolado nos dirige hacia el cementerio. Los árboles resultan bastante tétricos en esta época del año; color negro, ni rastro de hojas. Parecen víctimas de un movimiento extraño, casi dramático, como si se movieran al ritmo de un viento inexistente. No proyectan sombra, tampoco es necesario, no estamos en la Vila Olímpica. El cielo, como de costumbre, es absolutamente gris. David camina apresurado. No sé si por el frío o por el deseo de llegar. Marc está pensando en algo.

Llegamos y empieza la búsqueda de detalles. La entrada al cementerio es poco monumental. Seguramente por este motivo buscamos lo "micro". Hay algo en uno de los muros laterales, pero resulta más apetecible seguir adelante, andando por este pasillo de piedra que, lentamente, va cerrándose. Casi estás dentro del cementerio y no te has dado ni cuenta del tránsito. David, inquieto, busca vivir cada momento, mirando a todos lados. Al mismo tiempo respira cierta tranquilidad.

Entrar en un cementerio es algo emocionalmente fuerte. No sabría explicar porqué. En este caso, hay algunos motivos más. Sé que David quería venir aquí, hemos hablado antes del cementerio, pero la relación con la muerte siempre es

Epilogue

Martí Manen

The underground stop is Skogskyrkogården. The forest cemetery. Asplund. The cemetery lies on the outskirts of Stockholm. Just in the empty area between the central islands of the city and the spaces where work began, many years ago, following the theories of modern architecture and the welfare society model. The neighbourhoods that Le Corbusier dreamt positively of and which some Southern Mediterranean builders turned into a nightmare.

The station is an outdoor one. It is quite cold, there is a little snow everywhere. From the underground station you see the typical shops one finds on the way to cemeteries: flowers and gravestones, two types of thing to express the same idea, the need to make the memory last, to fight oblivion.

We leave the station and turn right. A short tree-lined walkway leads up to the cemetery. The trees look quite dismal at this time of the year; black, bereft of leaves. They are like victims of a strange, almost dramatic, movement, like moving to the rhythm of a non-existent wind. They cast no shadow, neither is any needed, we are not in the Olympic Village. The sky, as usual, is utterly grey. David hurries on, I do not know if because of the cold or the desire to get there. Marc is thinking about something.

We arrive, and the search for details begins. The entrance to the cemetery is hardly monumental. This is probably why we are looking for things "micro". There is something on one of the side walls, but pushing on seems like a better idea, walking through this stone corridor which slowly closes up. You are almost in the cemetery and do not even realise. David, restless, wants to experience every moment, looking all around. At the same time he exudes a certain tranquillity.

Entering a cemetery is tough on the emotions. I would not know how to begin to explain it. In this case, there are other reasons. I know that David wanted to come here, we have talked about the cemetery before, but the relationship with death is always complex and it is somehow strange, as it is me who is taking him to the cemetery, so I feel

compleja y de algún modo extraño, al ser yo quien le lleva al cementerio siento cierta responsabilidad sobre su posible tristeza. Esta sensación desaparece al cabo de un momento, cuando definitivamente ya sabemos que estamos dentro.

Después del pasillo, entre paredes de piedra, te encuentras con un gran espacio abierto. No es un espacio abismal, todo está bajo control. Una de las paredes del pasillo de entrada te acompaña por la izquierda. La visión desde este punto está perfectamente estudiada. Asplund sabe lo que hace. Dos montecitos crean una superficie en movimiento, la línea trazada por la pared de piedra cierra uno de los lados. Al otro lado, un mirador. Todo va de paseo y descanso, de lentitud con cierto movimiento.

Es un espacio acogedor en todos los sentidos. Estás aquí. Estás bien. Los muertos están aquí. Todo está bien.

Subimos el camino hablando de si las montañitas son artificiales, de cómo Asplund crea este espacio, casi lo dibuja o lo escribe con unas cuantas líneas.

Se intuyen los primeros detalles de muerte pero aún no es el momento. De lejos, vemos el reloj negro que no marca las horas. Hablamos un poco de Gonzalez-Torres y sus relojes. Antes de llegar al reloj y a lo que viene después, pasamos por un espacio secundario. Algo físico. Entramos en unas salas de espera. Un pequeño jardín y tiradores de puerta de los años veinte. Cortinas también antiguas. La luz es bastante bonita en este espacio recogido. Un espacio inexistente, casi prohibido. Parece construido para evitar el choque con lo que viene. La arquitectura está pensada como recorrido emocional, el arquitecto nos ayuda pero también nos manipula.

Y llegamos. El lago artificial, la gran capilla racional. Pues sí, es la muerte. Un patio de columnas sirve como punto de encuentro. Aquí se llora frente a los demás, se habla, se comenta lo que sea. El patio es oscuro pero tiene esa apertura en el medio, dejando entrar algunos rayos de luz. Lo básico de los significados hace que sea aún más potente. Detrás del patio, algunas personas lloran y hablan bajo. Vemos la capilla principal. Hay unas ventanas para mirar dentro, no

somewhat responsible for his possible sadness. This sensation disappears after a moment, when we know once and for all that we are inside.

After the corridor, flanked by walls of stone, you walk into a wide open space. It is not an abysmal space, everything is under control. One of the walls of the entrance corridor accompanies you on the left. The view from this point has been perfectly studied. Asplund knows what he is doing. Two little mountains create a moving surface, the line plotted by the wall of stone closes off one of the sides. On the other side, a vantage point. Everything is about walking and rest, about slowness with a certain movement.

It is a homely space in all senses of the word. You are here. You are OK. The dead lie here. Everything is fine.

We walk up the path talking about whether the little mountains are artificial, about how Asplund creates this space, almost draws it or writes it with a few lines.

One glimpses the first few details of death, but it is not yet the time. From afar, we see the black clock that does not tell the time. We talk a little about Gonzalez-Torres and his clocks. Before reaching the clock and what comes after, we traverse a secondary space. Something physical. We enter some waiting rooms. A small garden and door-handles from the nineteen twenties. Old curtains as well. The light is lovely in this secluded place. A non-existent, almost forbidden, space. It seems to have been constructed to avoid the clash with what is to come. Architecture is conceived as an emotional route, the architect helps us, but he also manipulates us.

And so we arrive. The artificial lake, the huge rational chapel. Yes, this is death. A columned patio as the meeting point. This is where people weep openly, where they talk, talk about anything. The patio is dark, but it has that opening in the middle, letting some rays of light through. The basic nature of the elements makes it even more powerful. Behind the patio, there are people crying and talking in low voices. We can see the main chapel. There

es necesario entrar para ver qué pasa. Cosas del respeto, supongo.

No entramos, se está celebrando un funeral, hay un ataúd en el medio y unas personas están sentadas en el banco de la familia. David nos explica la historia del laberinto, ese laberinto que está dibujado en el suelo para ayudar a la familia a pensar en otras cosas. Puedes mentalmente intentar recorrer el laberinto y el tiempo pasa. Otra vez algo básico, simple, sencillo y real. Tan real como la música que suena desde un radiocasete bastante tosco. No comentamos muchas cosas, decidimos volver más tarde.

El camino ha desaparecido ya pero los tres tenemos muy claro hacia donde vamos. Ahora toca el mirador. A lo mejor es que el camino nunca ha desaparecido, únicamente ha sido escondido por el arquitecto que juega con nosotros a hacernos pensar que tenemos libertad de movimiento. Como los personajes de este cuento que Asplund repite constantemente mediante los visitantes al cementerio, vamos hacia el mirador. Una bajada y una subida.

No está pensado para mirar, simplemente es un elemento de distracción frente a la cruz. Justo encima de la colina, al aire libre, Asplund crea un espacio de recogimiento. No nos sentamos porque hace frío y tampoco es un sitio para hablar demasiado. Esperamos a Marc que va un poco por detrás, sigue pensando y mirando con cierta incredulidad.

Bajando del mirador, al entrar en el bosque, tomas conciencia del cementerio. Ves las primeras lápidas. Ves los grandes árboles del bosque. Y ves, ahora sí, otro camino. Ya estás andando y te das cuenta del significado de tu entorno. Pero la imagen es tan fantástica y tranquila que parece todo una ficción.

Pasamos frente a las lápidas y las tumbas. Los árboles las cubren y todo parece muy natural, la muerte es algo en minúsculas. Desde lejos, un séquito funerario se acerca. Nos sentimos un poco fuera de lugar y hacemos algún chiste malo de zombis. Nos preguntamos si podemos hacer fotos al grupo y a una señora que da bastante miedo.

A la capilla de la resurrección no le hacemos ni caso,

are windows through which you can look in, there is no need to enter to see what is going on. A matter of respect, I suppose.

We do not go in, there is a funeral in progress, a coffin in the middle and some people sitting on the bench that is reserved for the family. David tells us the story of the maze, the one that is drawn on the floor to help the family to think about other things. You can try to walk through the maze in your mind, and time passes. Once again, something basic, simple and real. As real as the music coming from a rather rudimentary radio cassette. We do not much, and decide to come back later.

The path has disappeared but the three of us know where we are going. Now it is the turn of the vantage point. Perhaps the path never disappeared, it was only hidden by the architect, who toys with us, leading us to believe that we have freedom of movement. Like the characters of the story that Asplund constantly repeats through the visitors to the cemetery, we head for the vantage point. Up and down.

It is not designed to be looked at, it is simply an element of distraction from the cross. Just at the top of the hill, in the open air, Asplund creates a secluded space. We do not sit down, because it is cold and is not really a place for talking. We wait for Marc, who is a bit behind us, he is still thinking and looking on in disbelief.

Walking down from the vantage point, on entering the forest, you realise you are in the cemetery. You see the first gravestones. You can see the large forest trees. And now you see another path. As you walk along, the significance of the setting hits you. But the image is so fantastic and calm that it seems like fiction.

We walk past the gravestones and tombs. They are covered by trees and everything looks so natural, death is in small letters. From afar, a funeral procession approaches. We feel somewhat out of place, and crack a bad joke about zombies. We wonder if we can take photos of the group and of a woman who looks quite frightening.

pero hay un par de pequeñas edificaciones secundarias que miramos con interés. La canalización del agua de lluvia interesa a David. Y entonces hablamos de Enric Miralles y de cómo algunas cosas que son secundarias se convierten en principales, de cómo una canalización para la lluvia se convierte en literatura cuando narra el trayecto del agua hasta llegar al suelo. David abre una puerta, casi ni se atreve a mirar, pero entra. Ha estado un buen rato dentro de esta edificación y no se ha dado cuenta de que tenía un ataúd al lado. Medio abierto. Por si acaso, continuamos.

El paseo sigue con una charla tranquila y distendida. Encontraremos más canalizaciones de agua, caerá un poquito más de lluvia y llegaremos a otro momento importante. Estamos buscando la diminuta capilla del bosque. Llegamos, en el momento preciso y no sabemos porqué. Aquí hay una puerta pequeña que te deja entrar a un jardín cerrado. Los grandes espacios se convierten en algo parecido a una casita en el campo con su jardín vallado. Un jardín un tanto descuidado, con un aire romántico pero muy años veinte, recuerda a Lovecraft, aunque no lo mencionamos.

La capilla está extrañamente abierta. Hay velas encendidas y un jersey que alguien se ha dejado en una de las sillas de madera. Han salido todos hace un minuto, pero no les hemos visto. Observamos la capilla sosegadamente pero con emoción: la luz cenital, el detalle de los demonios de la puerta, y el Ángel de la Muerte de Carl Milles. Uno esperaría que el Ángel de la Muerte fuera algo grande y casi peligroso. Pero no, es tirando a pequeño este ángel.

Es al salir cuando nos encontramos con el grupo de personas tristes. Ya han enterrado a alguien. Y llega una situación curiosa. Vamos todos andando paralelamente. Nosotros no corremos por respeto a ellos, pero llegamos a la pequeña puerta. Nadie sabe quién tiene que salir primero. Durante un par de minutos estamos allí esperando a ver quién es el valiente que se abrirá camino. Nosotros no pintamos nada, pero mejor no meterse en líos de quién debe salir primero y quién debe esperar. Para pasar el

We pay no attention to the resurrection chapel, but there are a couple of small secondary buildings that we look at with interest. David is interested in the rain water gutters. And then we talk about Enric Miralles and how some things that are secondary become primary, about how a rainwater gutter becomes literature when it channels the water to the floor. David opens a door, barely daring to look in, but he enters. He has been in this building for some time, but has failed to realise that there was a coffin next to him. Half-open. We press on, just in case.

The walk proceeds with a calm and informal chat. We will find more rainwater gutters, it will rain a little more and we will come to another important moment. We seek the tiny chapel in the forest. We arrive at just the right time, and we don't know why. Here there is a small door that leads into a closed garden. The large space becomes something like a cottage in the country and its fenced garden. A rather neglected garden, with a romantic but very twenties-style air, it reminds me of Lovecraft, although we do not mention it.

The chapel is strangely open. There are lighted candles and a jersey that someone has left on one of the wooden chairs. They all left a minute ago, but we did not see them. We look at the chapel leisurely, but with emotion: the light from above, the detail of the demons on the door, and Carl Milles' Angel of Death. One would expect the Angel of Death to be large and almost dangerous. But no, this angel is somewhat on the small side.

On exiting, we encounter the group of sad people. They have buried someone. And a curious situation arises. We are all walking along together. We refrain from running, out of respect for them, but we reach the small door. Nobody knows who should leave first. We spend a couple of minutes there to see who will be bold enough to step out first. We have no business being there, but it is better not to get into a thing of who is first and who should wait. We look at a nearby construction to while away the time. Asplund seems to be enjoying himself, he tells us that it

rato, miramos algo que está en una construcción cercana. Asplund parece divertirse, indicarnos que toca irse y que es la hora de la despedida entre los vivos. Al final, salimos todos juntos y un poco alborotados.

Andamos ahora de regreso a la capilla principal, para ver si podemos entrar. Marc nos cuenta que está pensando en hacer una serie de televisión. Va de dos niños catalanes que se han quedado encerrados en un cementerio. Marc hace el papel de los dos niños y todo es bastante hilarante. David y yo intentamos aportar líneas a su guión automático, pero evidentemente no estamos a la altura. Entre risas, llegamos de nuevo al patio de las columnas. Intentamos entrar en la capilla pero sigue la música y el ataúd en su sitio . Estamos muy cerca de entrar. Pasamos a la salita previa a la entrada, tocamos la puerta. Abrimos la puerta. La música es realmente mala, el muerto tenía un gusto musical horrible. David nos vuelve a hablar del laberinto y, con Marc, le decimos que otra vez será.

David parece suficientemente contento con todo lo demás, así que el laberinto se queda como es, como un detalle que no necesita ser visto para ser real. De todos modos, volvemos a mirar el reloj que no marca la hora. Casi como compensación.

Nos acercamos a la salida y, como si fuera la última página o un pie de página especial, nos encontramos con una lápida con el nombre de Asplund. Más que su tumba, parece la firma del autor, que indica a sus lectores que sí, que todo el recorrido, todas las emociones, los detalles que hemos estado buscando están allí porque tenían que estar allí.

Y al salir volvemos a hablar de Miralles y del paso del tiempo en su arquitectura. De lo difícil que tiene que ser pensar un edificio, o un cementerio, y aceptar que no será lo que tú querías. Los materiales, el trabajo de los demás, el desgaste... Muchos elementos condicionarán el resultado de lo que el arquitecto había planeado. Aceptar que la narración necesita de un lector y que a veces el lector va a leer en edición de bolsillo porque el editor no daba para más.

En el metro de vuelta, un Marc cansado incordia a David

is time to go and that the living should take their leave of each other. In the end, we all leave together, somewhat rowdily.

We are now on the way back to the main chapel to see if we can get in. Marc tells us that he is thinking of doing a television series. It is about two Catalan children who get locked into a cemetery. Marc plays the role of both children and it is quite hilarious. David and I try to pitch in some lines to his automatic script, but we evidently do not cut it. We are still giggling when we reach the columned patio. We try to enter the chapter, but the music is still playing and the coffin is still in its place. We are about to enter. We walk into the small room just before the entrance, and touch the door. We open the door. The music is really bad, the deceased had awful taste in music. David starts to talks about the maze again and Marc and I say some other time.

David seems to be happy enough with all the rest, so the maze stays where it is, like a detail that does not need to be seen to be real. Anyway, we take another look at the clock that does not show the time. As if in compensation.

We move towards the exit, and, as if it were the last page or a special page footer, we find a gravestone with the name of Asplund. More than his grave, it is like the author's signature, telling his readers that the whole route, all the emotions, the details we have been seeking are there because they had to be there.

And on exiting we talk about Miralles again and about passing time in his architecture. About how difficult it must be to think about a building, or a cemetery, and accept that it will not be what you wanted. Materials, the work of the rest, wear... Many elements will condition the outcome of what the architect had planned. Accepting that the narration needs a reader and that sometimes the reader will read the pocket edition because the publisher couldn't afford anything better.

In the underground on the way back, a tired Marc pesters David and tells him that it is not so bad, that perhaps David is looking for things that Asplund did not

y le dice que no hay para tanto, que a lo mejor David está buscando cosas que Asplund ni pensó. David dice que no, que las líneas en el paisaje están muy bien definidas, que los detalles están en los sitios adecuados para mantener la narración constantemente. Que en ningún momento te enfrentas a nada, que siempre estás entrando por un lateral, que los momentos de dureza son momentos de dureza emocional y no constructiva.

El cementerio sigue funcionando como cementerio y como espacio emotivamente cargado, casi como narración. En la lápida de Asplund había un epitafio. Decía "su obra sigue viva". A lo mejor Miralles no busca que siga viva, a lo mejor su arquitectura incluye también la muerte.

even think about. David says no, that the lines on the landscape are very well defined, that the details are all in the right places to maintain the narration constantly. There is always something facing you, you are always entering through a side, moments of hardness are moments of emotional and non-constructive hardness.

The cemetery continues to operate as a cemetery and as an emotively charged space, almost like a narration. There was an epitaph on Asplund's gravestone. It said "his work is still alive". Perhaps Miralles does not intend it to stay alive, perhaps his architecture also includes death.

Este libro se terminó de imprimir en Barcelona el 29 de noviembre de 2010.
La edición va acompañada de una serie numerada de diez ejemplares de fotografías firmadas por David Bestué.